中等职业教育课程改革系列新教材

电力电子技术

主　编　程显吉
副主编　全　安
参　编　胡艳平
主　审　缴瑞山

机械工业出版社

本书主要内容包括：电力电子器件，晶闸管可控整流电路，直流变换电路，逆变电路，交流调压电路和变频电路，变频器应用以及电力电子装置。本书采用理论实践一体化的编写思路，在部分章节末尾配有相应的实训项目，体现“做中学、学中做”的职业教育理念。每个章节末尾配有本章小结和思考与练习题，便于掌握本章的重点、难点，并进行相应的复习。本书还介绍了变频器的安装、参数设置、运行、维护及故障排除等实用技术，帮助读者学习使用这个应用相当广泛的电气设备。

本书可作为机电技术应用、电气运行与控制、电气技术等专业教材，也可作为机电领域从业人员的参考书。为了便于教学，本书配有免费电子教案，将本书作为教材的单位，可以登录 www.cmpedu.com 注册、下载。

图书在版编目（CIP）数据

电力电子技术/程显吉主编. —北京：机械工业出版社，2011.2（2025.9 重印）
中等职业教育课程改革系列新教材
ISBN 978-7-111-32851-3

Ⅰ.①电… Ⅱ.①程… Ⅲ.①电力电子学-专业学校-教材 Ⅳ.①TM1

中国版本图书馆 CIP 数据核字（2011）第 009717 号

机械工业出版社（北京市百万庄大街 22 号 邮政编码 100037）
策划编辑：高 倩 责任编辑：范政文 张利萍 责任校对：陈延翔
封面设计：马精明 责任印制：李 昂
涿州市般润文化传播有限公司印刷
2025 年 9 月第 1 版第 13 次印刷
184mm×260mm · 9.75 印张 · 237 千字
标准书号：ISBN 978-7-111-32851-3
定价：25.00 元

电话服务
客服电话：010-88361066
010-88379833
010-68326294

网络服务
机 工 官 网：www.cmpbook.com
机 工 官 博：weibo.com/cmp1952
金 书 网：www.golden-book.com
机工教育服务网：www.cmpedu.com

目　录

前　言

随着电力电子器件的不断更新和电力电子技术的迅速发展，电力电子技术已经广泛应用于机电一体化、航空航天等领域。尤其在大功率电力牵引领域中，变频技术的优越性得到了充分发挥。在家用电器方面，变频空调器、变频电冰箱、变频洗衣机等已渐成家用电器的主流。因此，“电力电子技术”也是中等职业学校电类专业非常重要的一门必修课程。

本书在编写过程中，从目前中等职业学校学生的认知规律出发，尽量简化理论分析，以理论够用、技能多练为编写原则，在内容上力求简化原理、通俗易懂，着重于应用技术和实践能力的培养，编入了相应的实训内容，以期符合目前中等职业教育的教育目标和用人单位的实际需求。本书主要内容包括：电力电子器件，晶闸管可控整流电路，直流变换电路，逆变电路，交流调压电路和变频电路，变频器应用以及电力电子装置。本书采用理论实践一体化的编写思路，在部分章节末尾配有相应的实训项目，体现“做中学、学中做”的职业教育理念。每个章节末尾配有本章小结和思考与练习题，便于掌握本章的重点、难点，并进行相应的复习。本书还介绍了变频器的安装、参数设置、运行、维护及故障排除等实用技术，帮助读者学习使用这个应用相当广泛的电气设备。

本书由程显吉任主编并统稿，参与编写的还有全安、胡艳平，由缴瑞山任主审。其中，第 1、2 章由全安编写；第 3、4 章由胡艳平编写；第 5、6、7 章及附录由程显吉编写。

由于编者的理论水平和实际经验有限，书中难免有错误和不足之处，恳请广大读者批评指正。

编　者

第1章　电力电子器件

电力电子器件是变频器中的核心器件，其性能对变频器的内在品质有着至关重要的影响。全控型电力电子器件的发展为变频调速技术的迅速普及和进一步提高奠定了基础。本章分别介绍电力电子器件的分类、工作原理、基本特性、主要参数及使用中应注意的一些问题。这些电力电子器件主要包括电力二极管、晶闸管、特殊晶闸管、门极关断晶闸管、电力晶体管、电力场效晶体管、绝缘栅双极型晶体管及其他新型电力电子器件。

1.1　电力电子器件概述

1.1.1　电力电子器件的概念和特征

1. 电力电子器件

电力电子器件是指那些直接承担电能变换和控制任务的电子器件。电力电子器件目前主要指电力半导体器件。电力半导体器件所采用的主要材料是硅。

2. 电力电子器件的特征

同处理信息的电子器件相比，电力电子器件的一般特征如下：

1）电力电子器件一般都工作在开关状态。导通时（通态）它的阻抗很小，接近于短路，管压降接近于零，流过它的电流由外电路决定；阻断时（断态）它的阻抗很大，接近于开路，流过它的电流几乎为零，而管压降由电源决定。作电路分析时，为简单起见往往用理想开关来代替。

2）电力电子器件的开关状态往往需要由外电路来控制。用来控制电力电子器件导通和关断的电路称为驱动电路。

3）电力电子器件最重要的参数是其承受电压和电流的能力，其处理电功率的能力小至毫瓦级，大至兆瓦级。为防止损耗散发的热量导致器件因温度过高而损坏，工作时一般都需要安装散热器。这是因为导通时器件上有一定的通态压降，形成通态损耗；阻断时器件上有微小的断态漏电流流过，形成断态损耗；在器件开通或关断的转换过程中存在开通损耗和关断损耗，总称开关损耗。

通常电力电子器件断态时漏电流极小，因而通态损耗是器件功率损耗的主要成因；器件开关频率较高时，开关损耗会随之增大而可能成为器件功率损耗的主要因素。

1.1.2　电力电子器件的应用系统组成

电力电子器件在实际应用中，一般是由控制电路、驱动电路、保护电路和以电力电子器件为核心的主电路组成一个系统，广义上把主电路之外的电路都归为控制电路，从而粗略地说电力电子系统是由主电路和控制电路组成的。电力电子系统的组成如图1-1所示。

从图1-1中还可以看出，电力电子器件一般都有三个端子（或称为极），其中两个端子是连接在主电路中流过主电路电流的端子，而第三端为控制端（或控制极）。主电路是包含电力电子器件并以其为核心的电路。

1. 主电路

主电路在电气设备或电力系统中，直接承担电能的变换或控制任务。主电路中的电压和电流一般都较大，而控制电路的元器件只能承受较小的电压和电流，因此在主电路和控制电路连接的路径上，如驱动电路与主电路的连接处、驱动电路与控制电路的连接处以及主电路与检测电路的连接处，一般需要进行电气隔离，通过其他手段如光、磁等来传递信号。此外，由于主电路中往往有电压和电流的过冲，因此需附加一些保护电路，以保证电力电子器件和整个电力电子系统正常可靠运行。

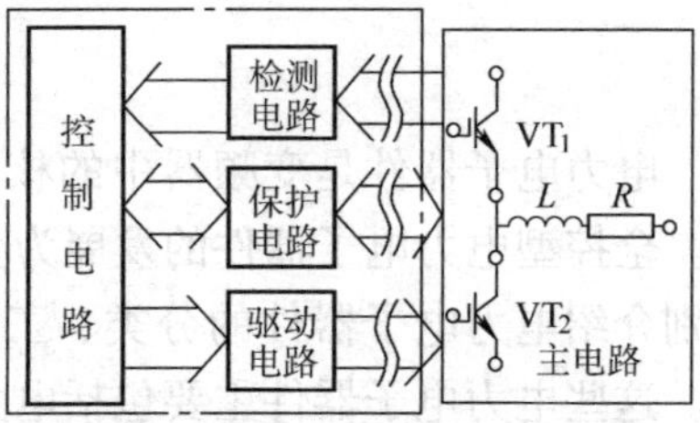

图 1-1 电力电子系统的组成

2. 控制电路

控制电路由信息电子电路组成，按照系统的工作要求形成控制信号，通过驱动电路去控制主电路中电力电子器件的导通或者关断，来完成整个系统的功能。在有的电力电子系统中，还要求主电路有检测电路。

驱动电路的任务是将由信息电子电路传来的信号，按照其控制目标的要求，转换为加在电力电子器件控制端和公共端之间可以使其开通或关断的信号。

保护电路的作用是抑制电力电子器件内的过电压、电压变化或过电流，减小器件的开关损耗，保证电力电子器件和整个电力电子系统正常可靠运行。

1.1.3 电力电子器件的分类

电力电子器件的分类方法很多，常见的有以下几种。

1. 根据开关特性分类

（1）不可控器件　这种器件通常为两端器件，不能用控制信号来控制其通断，如整流二极管、肖特基势垒二极管等。

（2）半控型器件　这种器件通常为三端器件，只能控制其开通而不能控制其关断，如普通晶闸管（SCR）及其大部分派生器件。

（3）全控型器件　这种器件为三端器件。通过控制信号，既可以控制其开通，又可以控制其关断，如电力晶体管（GTR）、门极关断晶闸管（GTO）、绝缘栅双极型晶体管（IGBT）及大部分新型电力电子器件。

2. 根据器件内参与导电的载流子分类

（1）双极型　凡由自由电子和空穴两种载流子参与导电的称为双极型器件，如普通晶闸管（SCR）、电力晶体管（GTR）等。

（2）单极型　只有一种载流子参与导电的称为单极型器件，如电力场效应晶体管（MOSFET）。

（3）混合型　由单极型和双极型两种器件组成的复合型器件称为混合型器件，如IGBT、MOS 控制晶闸管（MCT）等。

3. 根据控制信号分类

（1）电流控制型　这种器件一般由控制端的电流变化来控制器件的开通或关断，有时又称为电流驱动型。应用比较广泛的电流控制器件有：晶体管类，如电力晶体管（GTR）、达林顿晶体管等，适用于500kW 以下、380V 交流供电的领域；晶闸管类，如普通晶闸管（SCR）、门极关断晶闸管（GTO）等，适用于电压过高、电流更大的应用领域。

（2）电压控制型　这种器件的开通和关断由电压信号进行控制，如电力 MOSFET 和 IGBT 等。广义上讲，一切用场控原理进行控制的电力电子器件均属电压控制型，因此也称为场效应电力电子器件或场控电力电子器件。

1.2 电力二极管

电力二极管旧称为半导体整流器，属于不可控的电力电子器件。它是 20 世纪最早获得应用的电力电子器件，直到现在仍在高、中频整流、逆变等领域发挥着积极作用。

1.2.1 电力二极管的结构与工作原理

1. 电力二极管的结构

电力二极管的外形、结构和电气图形符号如图 1-2 所示。从外形上看，电力二极管主要有螺栓形和平板形两种封装结构。

图 1-2　电力二极管的外形、结构和电气图形符号
a）外形　b）结构　c）电气图形符号

2. 电力二极管的工作原理

电力二极管的基本结构是一个面积较大的 PN 结，当它外加正向电压（P 正 N 负）时，有从 P 向 N 的正向电流流过，此时 PN 结呈现为低电阻，电力二极管电压降只有 1V 左右，这种状态称为正向导通。当 PN 结加反向电压（P 负 N 正）时，有极小的反向漏电流流过 PN 结，PN 结呈现为高电阻，这种状态称为反向截止。即电力二极管具有单向导电性。

电力二极管一般工作在大电流、高电压场合，因此它本身耗散功率大、发热多，使用时必须配备良好的散热器，使器件的温度不超过规定值，以确保其安全运行。

1.2.2 电力二极管的特性与参数

1. 电力二极管的伏安特性

图 1-3a 所示是电力二极管的伏安特性曲线。当电力二极管承受的正向电压大到一定值（门槛电压 U_{TO}）时，正向电流 I_F 开始迅速增加，电力二极管正向导通。正向导通时其管压降 U_F 仅为 1V 左右，且不随电流的大小而变化。当电力二极管承受反向电压时，只有很小的反向漏电流 I_{RR}，电力二极管反向截止。但当反向电压增大到 U_B 时，PN 结内产生雪崩击穿，反向电流急剧增大，可导致二极管击穿损坏。

2. 电力二极管的开关特性

电力二极管工作状态转换时的特性称为开关特性。

（1）关断特性　电力二极管由正向偏置的通态转换为反向偏置的断态关断特性波形如图1-3b所示。当原来处于正向导通的电力二极管外加电压在 t_F 时刻突然从正向变为反向时，正向电流 I_F 开始下降，到 t_0 时刻二极管电流降为零，此时PN结两侧存有大量的少子，器件并没有恢复反向阻断能力，直到 t_1 时刻PN结内储存的少子被抽尽时，反向电流达到最大值 I_{RP}。t_1 时刻后二极管开始恢复反向阻断，反向恢复电流迅速减小，外电路中电感产生的高感应电动势使器件承受很高的反向电压 U_{RP}。当电流降到基本为零的 t_2 时刻时，二极管两端的反向电压才降到外加反压 U_R，电力二极管完全恢复反向阻断能力。

（2）开通特性　电力二极管由零偏置转换为正向偏置通态过程的开通特性波形如图1-3c所示。开通过程中二极管两端也会出现峰值电压 U_{FP}（几伏至几十伏），经过一段时间才接近稳态值 U_F（约2V）。上述时间被称为正向恢复时间 t_{fr}。

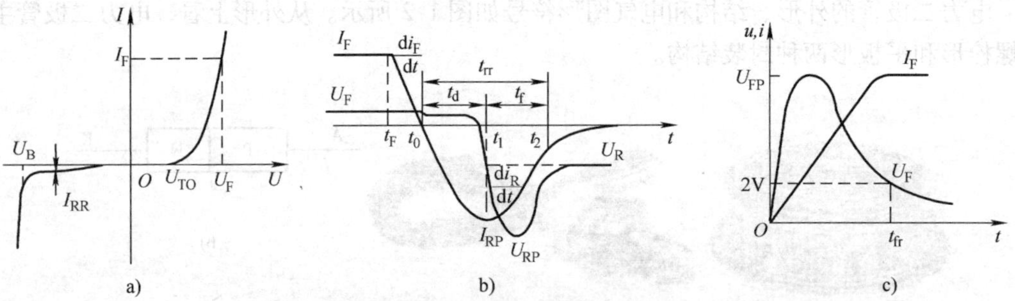

图1-3　电力二极管的特性

a）伏安特性曲线　b）关断特性波形　c）开通特性波形

3. 电力二极管的主要参数

（1）正向平均电流 $I_{F(AV)}$　电力二极管长期运行在规定管壳温度和散热条件下，允许流过的最大工频正弦半波电流的平均值定义为额定正向平均电流。应用中，一般按照流过二极管实际波形电流与工频正弦半波平均电流的热效应相等（有效值相等）的原则，来选取电力二极管的额定电流，并留有1.5~2倍的裕量。

（2）正向压降 U_F　在规定的条件下，流过稳定的额定电流时，器件两端的正向平均电压（又称管压降）。

（3）反向重复峰值电压 U_{RRM}　对电力二极管所能重复施加的反向最高峰值电压，往往按照电路中电力二极管可能承受的反向最高峰值电压的两倍来选定此项参数。

（4）最高工作结温 T_{JM}　器件中PN结不致损坏的前提下所能承受的最高平均温度。T_{JM} 通常在120~175℃范围之内。

（5）浪涌电流 I_{FSM}　电力二极管所能承受的最大的连续一个或几个工频周期的过电流。

4. 电力二极管的主要类型

电力二极管的应用范围广，种类也很多，主要有如下类型。

（1）普通二极管　普通二极管又称整流二极管，多用于开关频率在1kHz以下的整流电路中。其反向恢复时间在5μs以上，额定电流值达数千安，额定电压值达数千伏以上。

（2）快恢复二极管　反向恢复时间在5μs以下的二极管称为快恢复二极管，简称快速二极管。快恢复二极管从性能上可分为快速恢复和超快速恢复两个等级：前者反向恢复时间为数百纳秒以上；后者则在100ns以下，甚至达到20~30ns。

（3）肖特基二极管　肖特基二极管是以金属和半导体接触形成的势垒为基础的二极管，称为肖特基势垒二极管，简称为肖特基二极管。肖特基二极管反向恢复时间很短（10~40ns），其开关损耗和正向导通损耗小，效率高，但反向耐压在200V以下。

1.3　晶闸管

晶闸管是能承受高电压、大电流的半控型电力电子器件，它包括普通晶闸管（SCR）、快速晶闸管（FST）、双向晶闸管（TRIAC）和光控晶闸管（LTT）。由于晶闸管电压和电流容量是目前电力电子器件中最高的，而且工作可靠，因此在大容量的应用场合仍然占有比较重要的地位。

1.3.1　晶闸管的结构与工作原理

1. 晶闸管的结构

晶闸管的外形、结构和电气图形符号如图1-4所示。晶闸管由P_1、N_1、P_2、N_2四层半导体材料组成，从P_1引出的电极是阳极A，从P_2引出的电极是门极（控制端）G，从N_2引出的电极是阴极K，三个PN结分别为J_1、J_2和J_3。晶闸管的符号与二极管相似，只是比二极管多了一个门极。

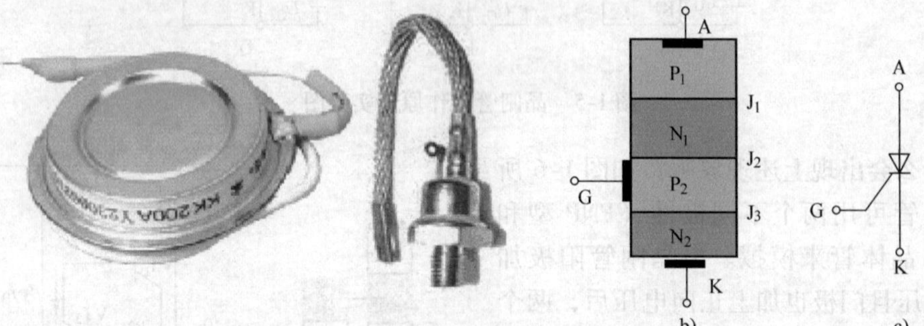

a）　b）　c）

图1-4　晶闸管的外形、结构和电气图形符号

a）外形　b）结构　c）电气图形符号

从外形上来看，晶闸管主要有螺栓形和平板形两种封装结构。外形为螺栓形的封装，通常螺栓是其阳极，做成螺栓形是为了能与散热器紧密连接且安装方便。另一侧较粗的端子为阴极，较细的端子为门极。平板形封装的晶闸管一般由两个散热器将其夹在中间，其两个平面分别是阳极和阴极，引出的细长端子为门极。

2. 晶闸管的工作原理

为了便于理解，下面我们用实验来说明晶闸管的工作原理。

1）如图1-5a所示，当晶闸管阳极加反向电压时，不管门极是否加正向电压，指示灯不亮，晶闸管都不导通。这种状态称为反向阻断状态。

2）如图1-5b所示，当晶闸管阳极加正向电压时，如果门极未加电压（或加反向电压）时，指示灯不亮，晶闸管不导通。这种状态称为晶闸管的正向阻断状态。

3）如图1-5c所示，在晶闸管阳极加正向电压的同时，门极也加正向电压时，指示灯亮，晶闸管导通。由此可见，在阳极加正向电压的同时，门极也必须加正向电压，晶闸管才能导通。

4）如图1-5d所示，若在指示灯亮后，把开关S断开，指示灯仍继续亮。即晶闸管一旦导通后，其门极便失去了控制作用。因此，在晶闸管阳极加正向电压时，门极只需施加短暂的正脉冲电压便可一触即发，而使晶闸管导通。

5）如图1-5e所示，去掉触发电压，将电位器电阻RP增大，使阳极电流逐渐减小，当阳极电流减小到一定值（晶闸管的维持电流）时，指示灯熄灭，晶闸管关断。

6）如图1-5f所示，将阳极电压降至零或为负，指示灯熄灭，晶闸管关断。

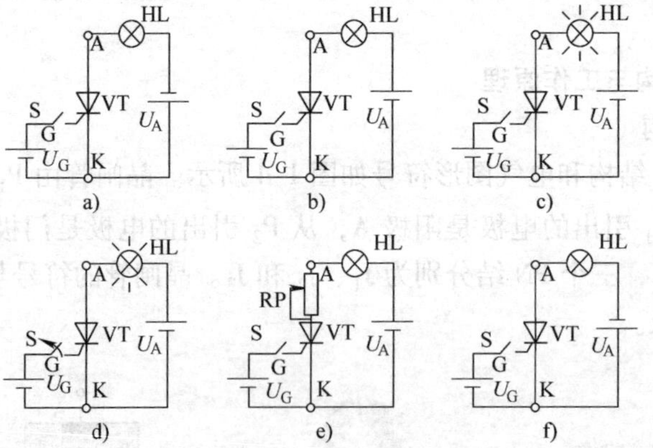

图1-5 晶闸管工作原理实验图

为什么会出现上述现象呢？如图1-6所示，晶闸管可用两个不同极性（PNP型和NPN型）晶体管来模拟。当晶闸管阳极加上正向电压且门极也加上正向电压后，两个等效晶体管的各个PN结偏置均符合放大条件。这时，在门极正向电压U_G的作用下，VT_2的基极B_2，发射极E_2回路就有控制电流i_G流过，形成VT_2的基极电流，经VT_2放大，其集电极电流便增大为$i_{C2}=\beta_2 i_{B2}$（β_2为VT_2的电流放大系数）。从图1-6b可以看出，i_{C2}又是VT_1的基极电流i_{B1}，再经VT_1放大，则VT_1的集电极电流为$i_{C1}=\beta_1 i_{B1}=\beta_1\beta_2 i_{B2}$（$\beta_1$为$VT_1$的电流放大系数）。这个经过$VT_2$、$VT_1$放大了的电流又流入$VT_2$的基极$B_2$，再一次得到放大。如此循环，形成了强烈的正反馈，使VT_1、VT_2的集电极电流迅速增大，并进入饱和导通状态，因此很快（6～10μs）就能使晶闸管完全导通。此时如果撤掉外电路注入门极的电流i_G，晶闸管仍然维持导通状态。若要使晶闸管关断，必须去掉阳极所加的正向电压，或者给阳极施加反压，或者设法使流过晶闸管的电流降低到接近于零的某一数值（维持电流I_H）以下，晶闸管才能关断。

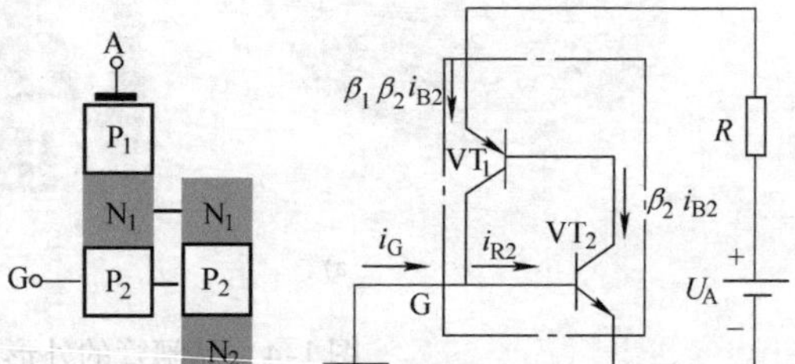

图1-6 晶闸管等效电路及工作原理

向晶闸管门极注入驱动电流i_G的过程称为触发。产生注入门极的触发电流i_G的电路称为门极触发电路。由于通过其门极只能控制晶闸管开通，不能控制其关断，因此晶闸管被称为半控型器件。

通过上述分析，得出结论：

1）晶闸管导通条件：在晶闸管的阳极加正向电压，同时在门极加正向触发电压，两者缺一不可。

2）晶闸管一旦导通，门极即失去控制作用，因此门极所加的触发电压一般为脉冲电压。

3）晶闸管关断条件：将阳极电压降至零或为负；使晶闸管阳极电流小于维持电流 I_H。

1.3.2　晶闸管的特性与参数

1. 晶闸管的伏安特性

晶闸管的伏安特性曲线如图 1-7 所示。位于第Ⅰ象限的是正向特性，位于第Ⅲ象限的是反向特性。$I_G=0$ 时，如果在器件两端施加正向电压，则晶闸管处于正向阻断状态，只有很小的正向漏电流流过。如果正向电压超过临界极限即正向转折电压 U_{BO}，则漏电流急剧增大，晶闸管被硬导通。这种硬导通是不可控的，多次这样硬导通会损坏管子。

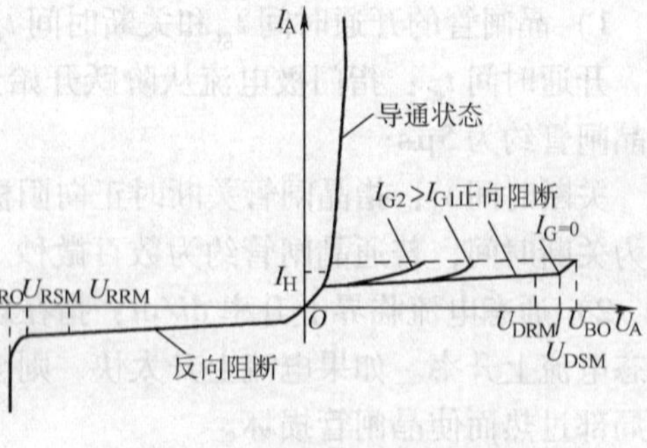

图 1-7　晶闸管的伏安特性曲线

随着门极电流幅值的增大，正向转折电压降低。导通后的晶闸管特性和二极管的正向特性相仿。晶闸管本身的压降也很小，在1V左右；导通期间，如果门极电流为零，并且阳极电流降至接近于零的某一数值 I_H 以下，则晶闸管又回到正向阻断状态。I_H 称为维持电流。

当在晶闸管上施加反向电压时，其电压—电流关系类似二极管的反向特性。晶闸管处于反向阻断状态时，只有极小的反向漏电流通过。当反向电压超过一定限度，到反向击穿电压 U_{RO}后，外电路若无限制措施，则反向漏电流急剧增大，导致晶闸管发热损坏。

2. 晶闸管的主要参数

（1）电压参数

1）断态重复峰值电压 U_{DRM}：在门极开路和晶闸管处于额定结温时，允许重复加在晶闸管两端的正向峰值电压。规定断态重复峰值电压 U_{DRM} 为断态不重复峰值电压（断态最大瞬时电压）U_{DSM} 的 90%。断态不重复峰值电压应低于正向转折电压 U_{BO}。

2）反向重复峰值电压 U_{RRM}：在门极开路和晶闸管处于额定结温时，允许重复加在晶闸管两端的反向峰值电压。规定反向重复峰值电压 U_{RRM} 为反向不重复峰值电压（反向最大瞬态电压）U_{RSM} 的 90%。反向不重复峰值电压应低于反向击穿电压 U_{RO}。

3）额定电压 U_{TM}：将断态重复峰值电压 U_{DRM} 和反向重复峰值电压 U_{RRM} 中较小的那个值取整后作为该晶闸管的额定电压。选用时，额定电压要留有一定裕量，一般取额定电压为正常工作时晶闸管所承受峰值电压的 2～3 倍。

4）通态平均电压 $U_{T(AV)}$：晶闸管导通时管压降的平均值。通态平均电压按规定分为九组，用字母 A～I 表示，每组差 0.1V，最低值为 0.4V，最高值为 1.2V。

（2）电流参数

1）通态平均电流 $I_{T(AV)}$：指在室温低于 40℃ 和规定的冷却条件下，晶闸管稳定结温不超过额定结温时所允许流过的最大工频正弦半波电流的平均值。这也是标称其额定电流的参数。在使用时应按照实际波形的电流与通态平均电流所造成的发热效应相等，即有效值相等的原则，来选取晶闸管的此项电流额定值，并应留一定的裕量。一般取其通态平均电流为按此原则所得计算结果的2～3倍。

2）维持电流I_H：指使晶闸管维持导通所必需的最小电流，一般为几十到几百毫安。I_H与结温有关，结温越高，I_H越小。

3）擎住电流I_L：指晶闸管刚从断态转入通态并去掉触发信号后，能维持导通所需的最小电流。对同一晶闸管来说，通常I_L为I_H的2～4倍。

（3）开关参数

1）晶闸管的开通时间t_{gt}和关断时间t_q。

开通时间t_{gt}：指门极电流从阶跃开始到阳极电流上升为稳态值的90%所需的时间，普通晶闸管约为5μs；

关断时间t_q：指晶闸管关断时正向阳极电流下降为零到它恢复正向阻断能力所需的时间称为关断时间，普通晶闸管约为数百微秒。

2）通态电流临界上升率di/dt：指在规定条件下，晶闸管能够承受而无有害影响的最大通态电流上升率。如果电流上升太快，则会导致门极附近的PN结因电流密度过大，从而造成局部过热而使晶闸管损坏。

3）断态电压临界上升率du/dt：指在额定结温和门极开路的情况下，不导致晶闸管从断态到通态转换的外加电压最大上升率。如果电压上升率过大，使充电电流足够大，就会使晶闸管误导通。使用中实际电压上升率必须低于此临界值。

3. 国产晶闸管的型号

按国家有关规定，晶闸管的型号及其含义如下：

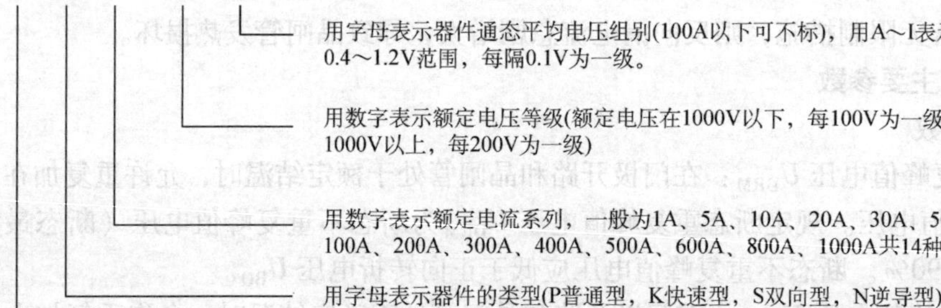

如KP200－12G表示额定电流为200A，额定电压为1200V，通态平均电压为1V的普通型晶闸管。

4. 晶闸管使用注意事项

选用晶闸管额定电压时，应参考实际工作条件下峰值电压的大小，并留出一定的裕量。

1）选用晶闸管的额定电流时，除了考虑通过器件的平均电流外，还应注意正常工作时导通角的大小、散热通风条件等因素。在工作中还应注意管壳温度不超过相应电流下的允许值。

2）使用晶闸管之前，应该用万用表检查晶闸管是否良好。发现有短路或断路现象时，应立即更换。

3）严禁用绝缘电阻表检查晶闸管的绝缘情况。

4）电流为5A 以上的晶闸管要装散热器，并且保证所规定的冷却条件。为保证散热器与晶闸管管芯接触良好，它们之间应涂上一薄层有机硅油或硅脂。

5）按规定对主电路中的晶闸管采用过电压及过电流保护装置。

6）要防止晶闸管门极的正向过载和反向击穿。

1.3.3　特殊晶闸管

随着科学技术的发展与工艺水平的提高，在普通晶闸管的基础上出现了许多结构上和普通晶闸管一样，但性能各异的晶闸管，称为特殊晶闸管。

1. 快速晶闸管（FST）

开关频率在400Hz 以上的晶闸管称为快速晶闸管，开关频率在10kHz 以上的晶闸管称为高频晶闸管，其外形、电气图形符号、基本结构、伏安特性都与普通晶闸管相同。根据使用要求的不同，快速晶闸管分为开通快为主和关断快为主，或两者兼顾的，它们的使用与普通晶闸管基本相同，但必须注意如下问题：

1）快速晶闸管为了提高开关速度，其硅片厚度做得比普通晶闸管薄，因此承受正、反向阻断重复峰值电压较低，一般在2000V 以下。

2）快速晶闸管 du/dt 的耐量较差，使用时必须注意产品铭牌上规定的额定开关频率下的 du/dt。当开关频率升高时，du/dt 耐量会下降。

2. 双向晶闸管（TRIAC）

双向晶闸管可以认为是一对反向并联的普通晶闸管的集成，其外形、电气图形符号和电压—电流关系如图1-8 所示。

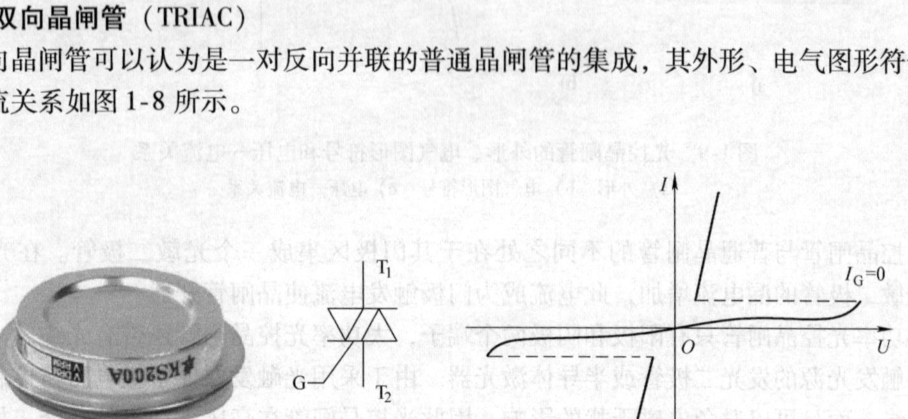

a)　　b)　　c)

图1-8　双向晶闸管的外形、电气图形符号和电压—电流关系

a）外形　b）电气图形符号　c）电压—电流关系

由电气图形符号可见，双向晶闸管有两个主电极 T_1 和 T_2，共用一个门极 G。门极使晶闸管在主电极的正、反两方向均可触发导通。双向晶闸管比一对反向并联的晶闸管经济，而且控制电路比较简单，所以在交流开关、交流调压（如电灯调光及加热器控制）和交流电动机调速等方面获得了广泛的应用。

双向晶闸管在使用时必须注意如下问题：

1）不能反复承受较大的电压变化率，因而很难用于感性负载。

2）关断时间较长，因而只能在低频场合应用。

3）为防止双向晶闸管换向时失控，需在器件两端并联 *RC* 阻容，常取 $R=50\sim100\Omega$，$C=0.1\sim0.47\mu F$。

4）双向晶闸管常用于交流电路，因而不用平均值而用其允许流过的最大交流有效值表示其额定电流值。例如一个额定电流为200A 的双向晶闸管，其峰值电流为 $200\sqrt{2}A=283A$，峰值为283A 的正弦半波电流的平均值为 $283A/\pi=90A$。也就是说，一个额定电流为200A 的双向晶闸管相当于两个额定电流为90A 的普通晶闸管的反向并联。

3. 光控晶闸管（LTT）

光控晶闸管又称光触发晶闸管，是利用一定波长的光照信号触发导通的晶闸管，其外形、电气图形符号和电压—电流关系如图 1-9 所示。

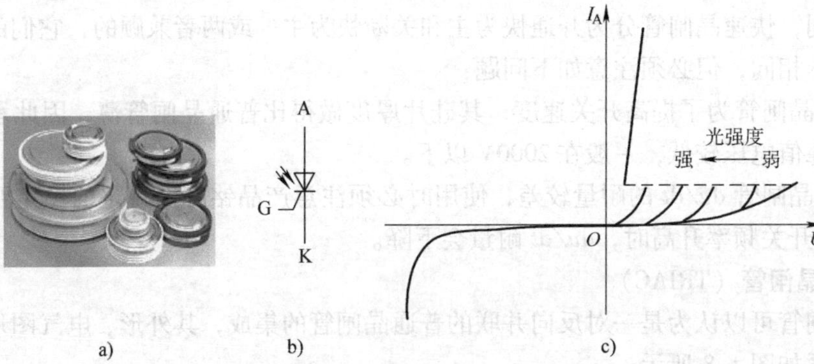

图 1-9 光控晶闸管的外形、电气图形符号和电压—电流关系

a）外形 b）电气图形符号 c）电压—电流关系

光控晶闸管与普通晶闸管的不同之处在于其门极区集成一个光敏二极管。在光的照射下，光敏二极管的漏电流增加，此电流成为门极触发电流使晶闸管开通。

小功率光控晶闸管只有阳极和阴极两个端子，大功率光控晶闸管还带有光缆，光缆上装有作为触发光源的发光二极管或半导体激光器。由于采用光触发保证了主电路与控制电路之间的绝缘，而且可以避免电磁干扰的影响，因此光控晶闸管在高压大功率的场合，如高压直流输电和高压核聚变装置中，占据重要的地位。

1.4 全控型电力电子器件

1.4.1 门极关断晶闸管

门极关断晶闸管简称为 GTO，是一种由门极控制的器件。可以在其门极施加正脉冲电流使其导通，还可以通过在门极施加负脉冲电流使其关断，因而属于全控型器件。GTO 具有电压、电流容量较大的特点，广泛应用于电力机车的逆变、电网动态无功功率补偿和大功率直流斩波调速等领域。

1. GTO 的结构及其工作原理

（1）GTO 的结构　GTO 外部结构和普通晶闸管一样，具有阳极、阴极和门极三个电极，

图1-10给出了典型的GTO的外形、结构和电气图形符号。但与普通晶闸管不同的是，GTO由包含数十个甚至数百个共阳极的小GTO元组成，这些GTO元的阴极和门极在器件内部并联在一起，是一种多元的功率集成器件。

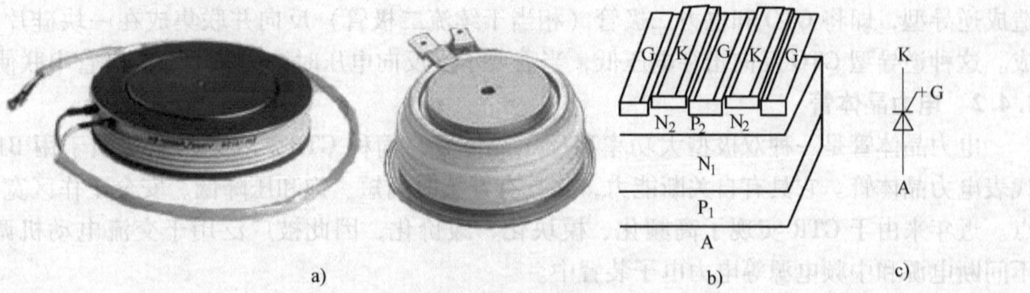

图1-10 GTO的外形、结构和电气图形符号

a）外形 b）结构 c）电气图形符号

（2）GTO的工作原理 GTO的导通机理与普通晶闸管是完全一样的。GTO一旦导通之后，门极信号是可以撤除的，但在制作时采用特殊的工艺使管子导通后处于临界饱和，而不像普通晶闸管那样处于深饱和状态，多元集成结构使每个GTO元阴极面积很小，门极和阴极间的距离大为缩短，使得P_2极区所谓的横向电阻很小，从而使从门极抽出较大的电流成为可能。门极加负脉冲即从门极抽出电流（即抽取饱和导通时储存的大量载流子），强烈的正反馈使器件退出饱和而关断，因此GTO在关断机理上与普通晶闸管是不同的。

2. GTO的主要参数

（1）最大可关断阳极电流I_{ATO} 指GTO的额定电流。电流过大时，GTO中各晶体管模型浅饱和导通的条件将被破坏，使器件饱和深度加深，导致门极关断失败。

（2）关断增益β_{off} GTO的门极关断能力可用电流关断增益β_{off}来表示，最大可关断阳极电流与门极负脉冲电流最大值I_{GM}之比称为电流关断增益。β_{off}一般不大（不超过3~5），这是GTO的一个主要缺点。一个1000A的GTO，关断时门极负脉冲电流的峰值达200A，这是一个相当大的数值。

（3）擎住电流 GTO经门极触发后，阳极电流上升到所有GTO元导通时的最低值。

（4）开通时间t_{on} 当阳极施加正电压，门极注入一定电流时，阳极电流大于擎住电流之后，GTO即完全导通。开通时间指延迟时间与上升时间之和。GTO的延迟时间一般为1~2μs，上升时间则随通态阳极电流值的增大而增大。

（5）关断时间t_{off} 一般指储存时间和下降时间之和。GTO的储存时间对应从关断过程开始，到出现退出浅饱和状态为止的一段时间间隔，其值随阳极电流的增大而增大。下降时间一般小于2μs，它对应阳极电流迅速下降、阳极电压不断上升和门极反电压开始建立的过程，在这段时间里，GTO开始退出饱和，并继续从门极抽出载流子。

3. GTO的应用

作为一种全控型电力电子器件，GTO主要用于直流变换和逆变等需要器件强迫关断的地方，电压、电流容量较大，与普通晶闸管接近，达到兆瓦数量级。GTO与普通晶闸管相比具有特殊性，在使用时必须注意如下问题：

1）要使GTO关断的门极反向电流比较大，为阳极电流的1/5~1/3。尽管采用高幅值的窄脉冲可以减小关断所需的能量，但还是要采用专门的触发驱动电路。

2）GTO 的通态管压降比较大，一般为 2 ~3V。

3）GTO 有能承受反压和不能承受反压两种类型，在使用时要特别注意。不少 GTO 都制造成逆导型，即将 GTO 和电力二极管（相当于续流二极管）反向并联集成在一块硅片上制成。这种逆导型 GTO 反向击穿电压低，当需要承受反向电压时，应和电力二极管串联使用。

1.4.2 电力晶体管

电力晶体管是一种双极型大功率高反压晶体管，简称 GTR，欧美国家习惯于用 BJT 来代表电力晶体管。它具有自关断能力，并具有开关时间短、饱和压降低、安全工作区宽等特点。近年来由于 GTR 实现了高频化、模块化、廉价化，因此被广泛用于交流电动机调速、不间断电源和中频电源等电力电子装置中。

1. GTR 的结构、特性与主要参数

（1）GTR 的结构　GTR 是由三层半导体（两个 PN 结）组成的。NPN 型三层扩散台面形结构是单管 GTR 的典型结构，图 1-11 所示为 GTR 的外形、结构和电气图形符号（GTR 有 NPN 型和 PNP 型两种，这里只讨论 NPN 型）。图中掺杂浓度高的 N^+ 区称为 GTR 的发射区，E 为发射极。基区是一个厚度在几微米至几十微米之间的 P 型半导体薄层，B 为基极。集电区是 N 型半导体，C 为集电极。为了提高 GTR 的耐压能力，在集电区中设置掺杂浓度低的 N^- 区。

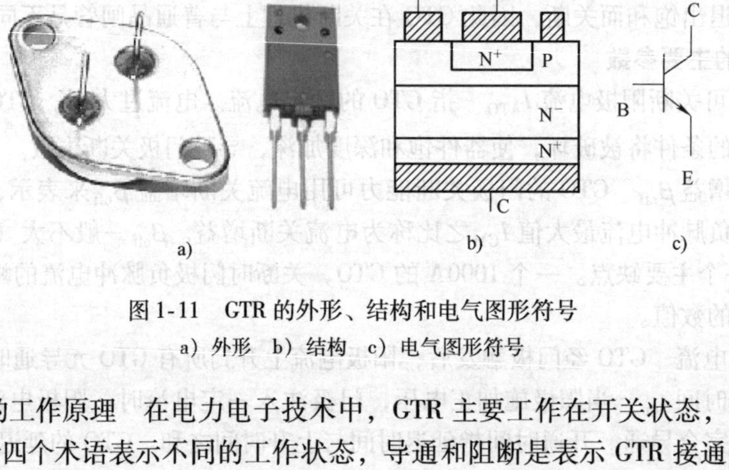

图 1-11　GTR 的外形、结构和电气图形符号

a）外形　b）结构　c）电气图形符号

（2）GTR 的工作原理　在电力电子技术中，GTR 主要工作在开关状态，常用开通、导通、关断、阻断四个术语表示不同的工作状态，导通和阻断是表示 GTR 接通和断开的两种稳态工作情况，开通和关断表示 GTR 由断到通和由通到断的动态工作过程。人们希望 GTR 的工作接近于理想的开关状态，即导通时的管压降趋于零，阻断时的电流趋于零，而且两种状态间的转换过程要足够快。因此，GTR 通常采用至少由两个晶体管按达林顿接法组成的单元结构，同 GTO 一样，采用集成电路工艺将许多这种单元并联而成。

2. GTR 的特性与主要参数

（1）GTR 共射电路输出特性　在共射电路中，GTR 的集电极电压 U_{CE} 与集电极电流 I_C 的关系曲线称为输出特性曲线，如图 1-12 所示。由图可以看出，随着 I_B 从小到大的变化，GTR 经过截止区（又叫阻断区）、线性放大区、准饱和区和深饱和区四个区域。在截止区 $I_B<0$（或 $I_B=0$），GTR 承受高电压，且只有很小的穿透电流流过，类似于开关的断态；在

线性放大区 $U_{BE}>0$，$U_{BC}<0$，$I_C=\beta I_B$，工作在开关状态的GTR应避免工作在线性放大区以防止大功耗损坏GTR；随着I_B的增大，GTR进入准饱和区，I_C与I_B之间不再呈线性关系，曲线开始弯曲；在深饱和区，I_B变化时，I_C不再改变；管压降U_{CES}很小，类似于开关的通态。

（2）GTR的主要参数

1）共射极电流放大倍数β。$\beta=I_C/I_B$，它表示GTR的电流放大能力。高压大功率GTR（单管）一般$\beta<10$。

2）最高工作电压。

集基极击穿电压BU_{CBO}：发射极开路时，集电极和基极能承受的最高电压。

集射极击穿电压BU_{CEO}：基极开路时，集电极和发射极能承受的最高电压。

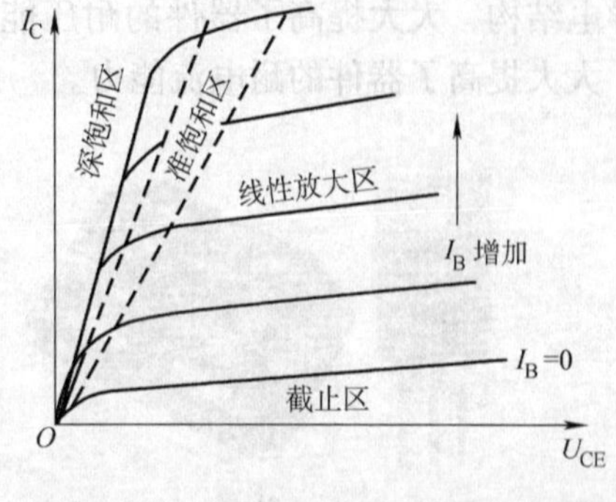

图1-12 GTR共射电路输出特性曲线

GTR所加电压超过规定值时，就会发生击穿。击穿电压不仅和晶体管本身的特性有关，还与外电路的接法有关。实际使用GTR时，为了确保安全，最高工作电压要比BU_{CBO}及BU_{CEO}低得多。

3）集电极最大允许电流I_{CM}。集电极最大允许电流一般为β下降到规定值的1/3～1/2时的I_C值。实际使用时要留有较大裕量，只能用到I_{CM}的一半或稍多一点。

4）集电极最大耗散功率P_{CM}。集电极最大耗散功率是指在最高工作温度下允许的耗散功率。产品说明书中在给出P_{CM}时总是同时给出壳温T_C，间接表示了最高工作温度。

5）开关参数。

开通时间t_{on}：包括延迟时间和上升时间，一般开通时间为纳秒数量级。

关断时间t_{off}：包括存储时间和下降时间，关断时间的数值在10μs以下。

GTR的开关时间在几微秒以内，比普通晶闸管和GTO的都短很多。

3. GTR的应用

GTR具有自关断能力，并有开关时间短、饱和压降低和安全工作区宽等特点。近几年来，由于GTR实现了高频化、模块化、廉价化，因此被广泛用于交流电动机调速、不间断电源和中频电源等电力变流装置中。在使用时必须注意如下事项：

1）GTR是大功率器件，必须选配合适的散热器。

2）GTR关断时，需要提供足够大的反向基极电流，因此应选择合适的基极驱动电路。

3）GTR不能承受超过其额定值的浪涌电压与电流的冲击，使用时必须要有电压及电流缓冲保护措施。

1.4.3 电力场效应晶体管

场效应晶体管分为结型场效应晶体管和绝缘栅型场效应晶体管，电力场效应晶体管常指绝缘型中的MOS型，简称电力MOSFET。它是一种单极型电压控制器件，具有输入阻抗高（可达40MΩ以上）、工作速度快（开关频率可达500kHz以上）、驱动功率小且电路简单、热稳定性好等优点。目前电力MOSFET的耐压可达1000V，电流为200A，开关时间仅13ns。因此它在小容量机器人传动装置、荧光灯镇流器及各类开关电路中应用极为广泛。

1. 电力MOSFET的结构、特性与参数

（1）电力MOSFET的结构　电力MOSFET可分为N沟道和P沟道两种类型，其外形、结构和电气图形符号如图 1-13 所示。目前应用最多的是 N 沟道增强型 MOSFET。它有三个电极：栅极 G、源极 S 和漏极 D，图中箭头表示管子内部载流子的移动方向。

N 沟道增强型 MOSFET 只有在栅极电压大于零时才存在导电 N 沟道。MOSFET 采用了垂直导电结构，大大提高了器件的耐压能力；采用由许多个小 MOSFET 元组成的多元集成结构，大大提高了器件的耐电流能力。

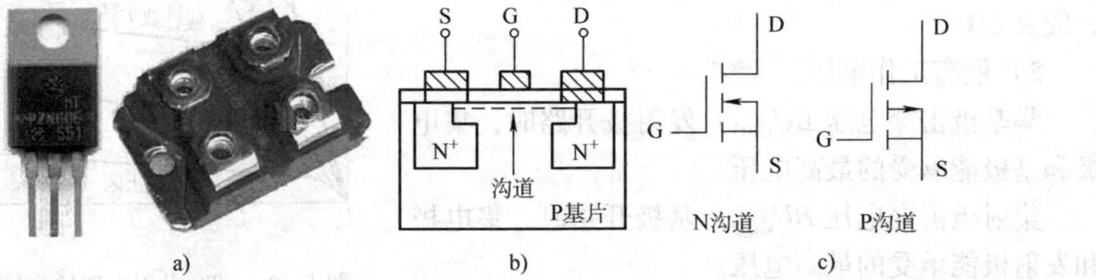

图 1-13　电力 MOSFET 的外形、结构和电气图形符号

a) 外形　b) 结构　c) 电气图形符号

（2）电力 MOSFET 的工作原理　当栅源电压 $U_{GS} \leqslant 0$ 时，漏源极之间无电流流过；当 $0 < U_{GS} \leqslant U_T$（U_T 为开启电压）时，漏源极之间仍无电流流过，电力 MOSFET 处于截止状态。当 $U_{GS} > U_T$ 时，栅极下面的 P 型体区发生反型层而形成导电沟道，若此时加至漏源电压 $U_{DS} > 0$，则会产生漏极电流 I_D，MOSFET 处于导通状态，且 U_{GS} 越大，I_D 越大，所以电力 MOSFET 是电压控制器件。

2. 电力 MOSFET 的特性与参数

（1）静态输出特性　在不同的 U_{GS} 下，漏极电流 I_D 与漏极电压 U_{DS} 间的关系曲线族称为电力 MOSFET 的输出特性曲线。如图 1-14 所示，它可以分为三个区域：

当 $U_{GS} < U_T$（U_T 的典型值为 2～4V）时，MOSFET 工作在截止区；

当 $U_{GS} > U_T$ 且 U_{DS} 很小时，I_D 和 U_{GS} 几乎成线性关系，此时 MOSFET 工作在线性（导通）区，又叫欧姆工作区；

当 $U_{GS} > U_T$ 时，随着 U_{DS} 的增大，I_D 几乎不变，器件进入饱和区。饱和是指漏源电压增加时，漏极电流不再增加。

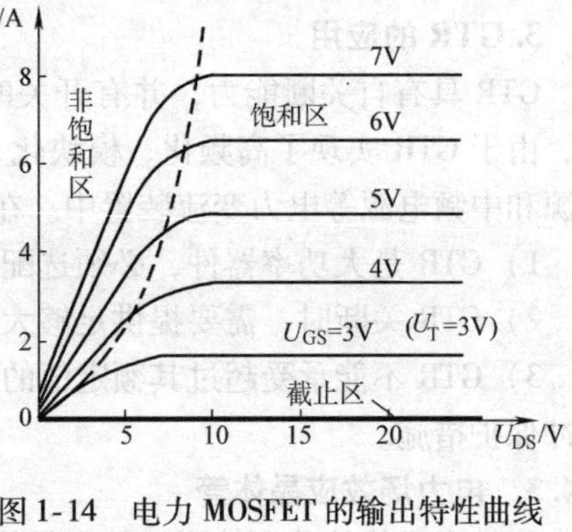

图 1-14　电力 MOSFET 的输出特性曲线

输出特性是指 MOSFET 的漏极电压—电流关系。MOSFET 的饱和是指漏源电压增加时漏极电流不再增加，非饱和是指漏源电压增加时漏极电流相应增加，应注意饱和与非饱和的概念不同。电力 MOSFET 工作在开关状态，即在截止区和非饱和区之间转换。

（2）电力 MOSFET 的主要参数

1）跨导 G_{fs}。电力 MOSFET 的跨导与 GTR 中的电流增益 β 相仿，表示 MOSFET 的放大能力。

2）漏极电压 U_{DS}。漏极电压是电力 MOSFET 电压的额定值。

3）漏极直流电流 I_D 和漏极脉冲电流幅值 I_{DM}。这是标称电力 MOSFET 电流额定值的参数。

4）栅源电压 U_{GS}。栅源之间的绝缘层很薄，$|U_{GS}|>20V$ 将导致绝缘层击穿。

5）开关特性与参数。电力 MOSFET 是单极型器件，是依靠多数载流子导电的，其自身的电阻效应对开关过程影响很小，因而开关速度高、开关时间短。开通时间和关断时间一般在纳秒数量级，典型值为 20ns。其工作频率可达 100kHz 以上，是主要电力电子器件中最高的。

3. 电力 MOSFET 的使用注意事项

1）不使用时，须将三个电极短接在一起，以免由于静电的作用造成管子损坏。

2）焊接时，应将电烙铁可靠接地，以免感应击穿。

3）使用时，要注意 U_{DS}、U_{GS} 和 P_{DM} 等不要超过规定的最大允许值。

1.4.4 绝缘栅双极型晶体管

绝缘栅双极型晶体管简称 IGBT，是一种复合型电力电子器件。由于它结合了电力 MOSFET 和 GTR 的特点，既具有输入阻抗高、速度快、热稳定性好和驱动电路简单的优点，又具有输入通态电压低、耐压高和承受电流大的特点，其导通电阻是同一耐压规格的电力 MOSFET 的 1/10，开关时间是同容量 GTR 的 1/10，这些都使 IGBT 比 GTR 有更大的吸引力。在变频器驱动电动机、中频和开关电源以及要求快速、低损耗的领域，IGBT 有着主导地位。

1. IGBT 的基本结构及工作原理

（1）IGBT 的基本结构　IGBT 也是三端器件，它的三个极为集电极（C）、发射极（E）和栅极（G）。图 1-15 所示为 IGBT 的外形、结构、等效电路和电气图形符号。IGBT 比电力 MOSFET 多一层 P^+ 注入区，因而形成了一个大面积的 P^+N 结 J_1，这样使得 IGBT 导通时 P^+ 注入区向 N 基区发射少数载流子，从而对漂移区电导率进行调制，使得 IGBT 具有很强的通流能力。其简化等效电路如图 1-15c 所示。可见，IGBT 是以 GTR 为主导器件，MOSFET 为驱动器件的复合管，图中 R 为晶体管基区内的调制电阻。

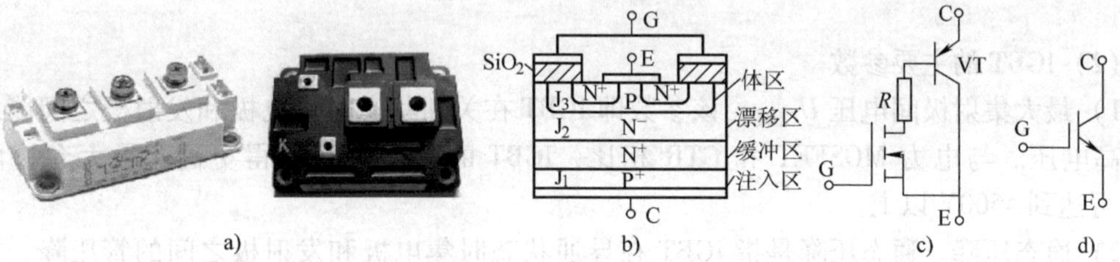

图 1-15　IGBT 的外形、结构、等效电路和电气图形符号
a）外形　b）结构　c）等效电路　d）电气图形符号

（2）IGBT 的工作原理　IGBT 的驱动原理与电力 MOSFET 基本相同，它是一种电压控制型器件。其开通和关断是由栅极和发射极间的电压 U_{GE} 决定的，当 U_{GE} 为正且大于开启电压 $U_{GE(th)}$ 时，电力 MOSFET 内形成沟道，并为晶体管提供基极电流使其导通。当栅极与发射极之间加反向电压或不加电压时，MOSFET 内的沟道消失，晶体管无基极电流，IGBT 关断。

上面介绍的 PNP 型晶体管与 N 沟道 MOSFET 组合而成的 IGBT 称为 N 沟道 IGBT，记为 N－IGBT，其电气图形符号如图 1-15d 所示。对应的还有 P 沟道 IGBT，记为 P－IGBT。N－

IGBT 和 P-IGBT 统称为 IGBT。由于实际应用中以 N 沟道 IGBT 为多，因此下面仍以 N 沟道 IGBT 为例进行介绍。

2. IGBT 的基本特性与主要参数

（1）IGBT 的基本特性　图 1-16a 所示为 IGBT 的转移特性，它描述的是集电极电流 I_C 与栅射电压 U_{GE} 之间的关系，与电力 MOSFET 的转移特性类似。开启电压 $U_{GE(th)}$ 是 IGBT 能实现电导调制而导通的最低栅射电压。$U_{GE(th)}$ 随温度升高而略有下降，温度每升高 1℃，其值下降 5mV 左右。在 25℃ 时，$U_{GE(th)}$ 的值一般为 2～6V。

图 1-16b 所示为 IGBT 的输出特性，也称伏安特性，它描述的是以栅射电压 U_{GE} 为参考变量时，集电极电流 I_C 与集射极间电压 U_{CE} 之间的关系。

IGBT 的输出特性与 GTR 的输出特性相似，不同的是参考变量。IGBT 为栅射电压 U_{GE}，而 GTR 为基极电流 I_B。IGBT 的输出特性也分为三个区域：正向阻断区、有源区和饱和区。这分别与 GTR 的截止区、线性放大区和饱和区相对应。在电力电子电路中，IGBT 工作在开关状态，因而是在正向阻断区和饱和区之间转换。

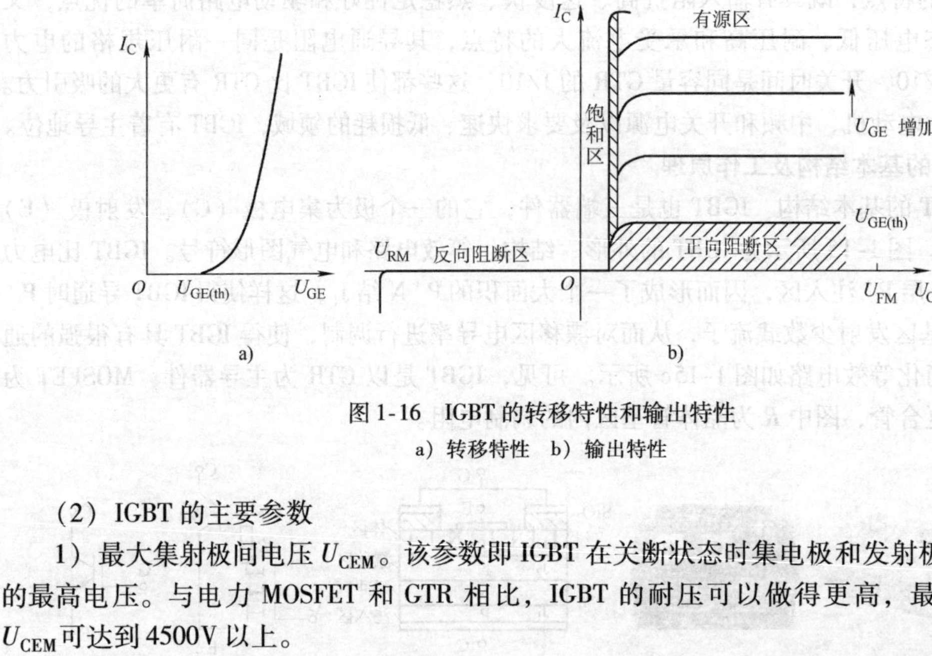

图 1-16　IGBT 的转移特性和输出特性

a）转移特性　b）输出特性

（2）IGBT 的主要参数

1）最大集射极间电压 U_{CEM}。该参数即 IGBT 在关断状态时集电极和发射极之间能承受的最高电压。与电力 MOSFET 和 GTR 相比，IGBT 的耐压可以做得更高，最大允许电压 U_{CEM} 可达到 4500V 以上。

2）通态压降。通态压降是指 IGBT 在导通状态时集电极和发射极之间的管压降。在大电流段是同一耐压规格的电力 MOSFET 的 1/10 左右；在小电流段额定电流的 1/2 以下，通态压降有负温度系数，在额定电流的 1/2 以上，通态压降具有正温度系数，因此 IGBT 在并联使用时具有电流自动调节能力。

3）集电极电流最大值 I_{CM}。该参数给出了 IGBT 在导通时能流过管子的持续电流的最大值。

4）最大集电极功耗 P_{CM}。最大集电极功耗 P_{CM} 是正常工作温度下允许的最大功耗。

5）输入阻抗。IGBT 的输入阻抗高，可达 10^9～$10^{11}\Omega$ 数量级，驱动功率小。

6）最高允许结温 T_{jM}。IGBT 的最高允许结温 T_{jM} 为 150℃。IGBT 的通态压降在室温和最高结温之间变化很小，具有良好的温度特性。

3. IGBT 使用注意事项

1）使用时，手持分装件，请勿触摸驱动端子部分。

2）当必须要触摸模块端子时，要先将人体或衣服上的静电释放后，再触摸。

3）应尽量在底板良好接地的情况下操作。

4）焊接时，应将电烙铁接地，以免感应击穿。

1.5 其他新型电力电子器件

1.5.1 静电感应晶体管

静电感应晶体管简称 SIT，也称作功率结型场效应晶体管，具有输出功率大、失真小、开关特性好、热稳定性好、抗辐射能力强等一系列优点，因而 SIT 适合作高压大功率器件。将用于信息处理的小功率 SIT 器件的横向导电结构改为垂直导电结构，即可制成大功率的 SIT 器件。SIT 的电气图形符号如图 1-17a 所示，共三个电极分别为栅极 G、漏极 D 和源极 S。SIT 分 N 沟道和 P 沟道两种，箭头向内的为 N－SIT，箭头向外的为 P－SIT。

SIT 是一种多子导电的器件，其工作频率与电力 MOSFET 相当，甚至超过电力 MOSFET，而功率容量也比电力 MOSFET 大，因而适用于高频大功率场合，目前已在雷达通信设备、超声波功率放大、脉冲功率放大和高频感应加热等某些专业领域获得了较多的应用。

但是 SIT 在栅极不加任何信号时是导通的，栅极加负偏置电压时关断，这被称为正常导通型器件，使用不太方便。此外，SIT 通态电阻较大，使得通态损耗也大，因而 SIT 还未在大多数电力电子设备中得到广泛应用。

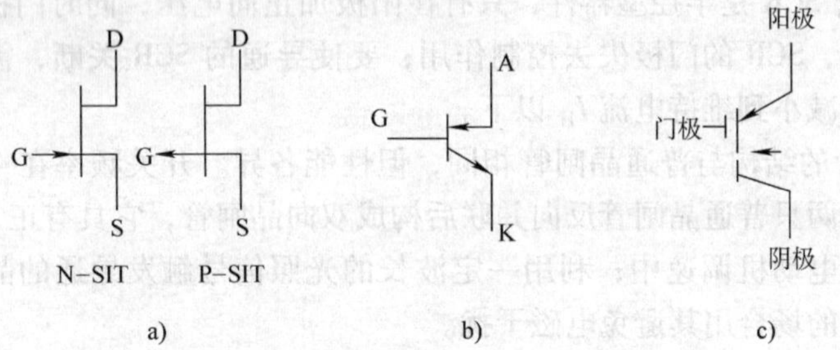

图 1-17 新型电力电子器件电气图形符号
a）SIT 的电气图形符号 b）SITH 的电气图形符号 c）MCT 的电气图形符号

1.5.2 静电感应晶闸管

静电感应晶闸管（SITH）是在 SIT 的漏极层上附加一层与漏极层导电类型不同的发射极层而得到的。因为其工作原理也与 SIT 类似，门极和阳极电压均能通过电场控制阳极电流，因此 SITH 又被称为场控晶闸管（FCT）。SITH 的电气图形符号如图 1-17b 所示，共三个电极分别为阳极 A、阴极 K 和栅极 G。

由于比 SIT 多了一个具有少子注入功能的 PN 结，因而 SITH 是两种载流子导电的双极型器件，具有电导调制效应，通态压降低、通流能力强。其很多特性与 GTO 类似，但开关速度比 GTO 高得多，是大容量的快速器件。

SITH 一般是正常导通型，但也有正常关断型。此外，其制造工艺比 GTO 复杂得多，电流关断增益较小，因而其应用范围还有待拓展。

1.5.3 MOS 控制晶闸管

MOS 控制晶闸管（MCT）是将 MOSFET 与晶闸管组合而成的复合型器件。MCT 将 MOSFET 的高输入阻抗、低驱动功率、快速的开关过程与晶闸管的高电压、大电流、低导通压降的特点结合起来，也是 Bi－MOS 器件的一种。一个 MCT 器件由数以万计的 MCT 元组成，每个元的组成为：一个 PNPN 型晶闸管，一个控制该晶闸管开通的 MOSFET 和一个控制该晶闸管关断的 MOSFET。MCT 的电气图形符号如图 1-17c 所示，它共有三个电极，分别为阳极 A、阴极 K 和门极 G。

MCT 的控制信号以阳极为基准，当门极相对于阳极加负脉冲电压时，MCT 导通；当门极相对于阳极加正脉冲电压时，MCT 关断。

MCT 具有高电压、大电流、高载流密度、低通态压降的特点。其通态压降只有 GTR 的 1/3 左右，硅片的单位面积连续电流密度在各种器件中是最高的。另外，MCT 可承受极高的 di/dt 和 du/dt，使得其保护电路可以简化。MCT 的开关速度超过 GTR，开关损耗也小。

本章小结

1. 电力电子器件根据开关特性分为不可控型器件、半控型器件和全控型器件；根据器件内参与导电的载流子分为双极型、单极型和混合型；根据控制信号分为电流控制型和电压控制型。

2. 电力二极管由 PN 结组成，加正向电压时导通，加反向电压时截止，是不可控型器件。

3. 普通晶闸管 SCR 是半控型器件，只有在阳极加正向电压，同时门极加正向触发脉冲时才导通；导通后，SCR 的门极失去控制作用；要使导通的 SCR 关断，需在阳极加反向电压或使其阳极电流减小到维持电流 I_H 以下。

4. 特殊晶闸管的结构与普通晶闸管相同，但性能各异。开关频率在 400Hz 以上的晶闸管为快速晶闸管；两只普通晶闸管反向并联后构成双向晶闸管，它具有正、反向对称的伏安特性，多用于交流电动机调速中；利用一定波长的光照信号触发导通的晶闸管为光控晶闸管，在高压大功率的场合用其避免电磁干扰。

5. 门极关断晶闸管（GTO）是四层结构的双极电流型器件，门极施加正脉冲电流使其导通，门极施加负脉冲电流使其关断，属于全控型器件。GTO 是目前耐压最高、电流容量最大的一种器件，因此在高电压、大电流领域将会取代传统的晶闸管。

6. 电力晶体管（GTR）是三层结构的双极型全控器件，也是一种电流型器件。GTR 要求有正的、持续的基极电流，使其开通并保持为通态，当基极电流为零时，GTR 关断。最主要的特性是耐高压和大电流，开关特性好。

7. 电力场效应晶体管（MOSFET）为三端单极全控型器件。MOSFET 要求有正的、持续的驱动电压，使其开通和保持为可靠的通态；它要求有负的、持续的驱动电压，使其关断和保持为可靠的断态，是电压型器件。它具有输入阻抗高、工作速度快、驱动功率小且电路简单、热稳定性好等优点。MOSFET 在小容量机器人传动装置、荧光灯镇流器及各类开关电路中应用极为广泛。

8. 绝缘栅双极型晶体管（IGBT）是一种复合型电力电子器件。IGBT 兼有 MOSFET 和

GTR 的优点：控制功率小、开关速度快、电流处理能力强和导通压降低。在变频器驱动电机、中频和开关电源以及要求快速、低损耗的领域，IGBT 有着主导地位。

9. 电力电子器件近年来又有了很大的发展，新型电力电子器件有静电感应晶体管（SIT）、静电感应晶闸管（SITH）和 MOS 控制晶闸管（MCT）等。

【思考与练习题】

1.1　电力电子器件有哪些类型？

1.2　电力二极管的主要类型有哪几种？

1.3　晶闸管的导通条件是什么？晶闸管导通后流过晶闸管的电流和负载上的电压由什么决定？

1.4　维持晶闸管导通的条件是什么？怎样才能使晶闸管由导通变为关断？

1.5　型号为 KP100－3，维持电流 $I_H=4mA$ 的晶闸管，使用在题图 1-1 所示电路中是否合理，为什么？（暂不考虑电压、电流裕量）

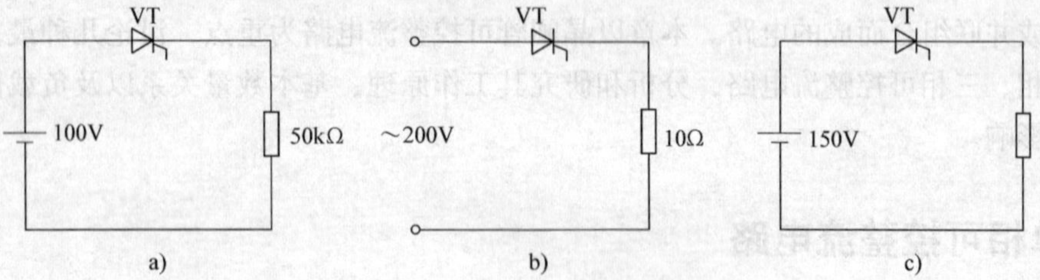

题图 1-1

1.6　某晶闸管型号规格为 KP200－8D，试问：

（1）型号规格代表什么意义？（2）在晶闸管伏安特性上的相应位置标出额定电压。

1.7　如题图 1-2 所示，试画出负载 R_d 上的电压波形（不考虑管子的导通压降）。

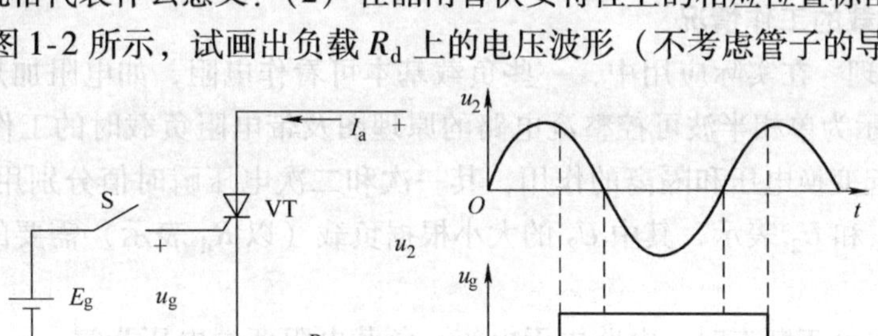

题图 1-2

1.8　某晶闸管器件测得 $U_{DRM}=840V$，$U_{RRM}=980V$，试确定此晶闸管的额定电压是多少？

1.9　GTO 和普通晶闸管同为 PNPN 结构，为什么 GTO 能够自关断，而普通晶闸管不能？

1.10　GTR 对基极驱动电路的要求是什么？

1.11　说明电力 MOSFET 图形符号中箭头的含义。

1.12　与 GTR 相比，电力 MOSFET 有何优缺点？

1.13　如何防止电力 MOSFET 因静电感应引起的损坏？

1.14　试说明 IGBT、GTR、GTO 和电力 MOSFET 各自的优缺点。

第 2 章 晶闸管可控整流电路

可控整流技术是晶闸管最基本的应用之一，在工业生产上应用极广，如调压调速直流电源、电解及电镀用的直流电源等。把交流电变换成大小可调的直流电的过程称为可控整流。

单相可控整流电路因其具有电路简单、投资少和制造、调试、维修方便等优点，一般 4kW 以下容量的可控整流装置应用较多。单相可控整流电路具有上述诸多优点，但其输出的直流电压脉动大，脉动频率低。又因为它接在三相电源的一相上，当容量较大时易造成三相电源不平衡，因而只用在较小容量的场合。当负载功率超过 4kW，要求直流电压脉动较小时，可以采用三相可控整流电路。三相可控整流电路中，三相半波可控整流电路是最基本的电路，三相桥式全控整流电路是应用最为广泛的一种。其他电路可看作是三相半波以不同方式串联或并联组合而成的电路。本章以晶闸管可控整流电路为重点，讨论几种最基本、最常用的单相、三相可控整流电路，分析和研究其工作原理、基本数量关系以及负载性质对整流电路的影响。

2.1 单相可控整流电路

用晶闸管组成的可控整流电路有多种形式，同一种形式又有不同性质的负载，每一种电路的工作情况各不相同，需要分别进行分析。

2.1.1 单相半波可控整流电路

1. 电阻性负载的工作情况

（1）工作原理　在实际应用中，一些负载基本可看作电阻，如电阻加热炉、电解、电镀等。图 2-1 所示为单相半波可控整流电路的原理图及带电阻负载时的工作波形。图 2-1a 中，变压器 TR 起变换电压和隔离的作用，其一次和二次电压瞬时值分别用 u_1 和 u_2 表示，有效值分别用 U_1 和 U_2 表示，其中 U_2 的大小根据负载（以 R_d 表示）需要的直流输出电压平均值 U_d 确定。

在晶闸管 VT 处于断态时，电路中无电流，负载电阻两端电压为零，u_2 全部施加于 VT 两端。如在 u_2 正半周 VT 承受正向阳极电压期间的 ωt_1 时刻给 VT 门极加触发脉冲，如图 2-1c所示，则 VT 开通。忽略晶闸管通态电压，直流输出电压瞬时值 u_d 与 u_2 相等。考虑到电阻负载时，电压与电流成正比、两者波形相同的特点，至 $\omega t = \pi$ 降为零时，电路中电流也降至零，晶闸管 VT 自然关断之后 u_d、i_d 均为零。图 2-1d 分别给出了 u_d 和 i_d 的波形。注意由于是电阻负载，i_d 与 u_d 波形相同。图 2-1e 给出了 u_T 的波形。

改变触发时刻，u_d 和 i_d 的波形随之改变，直流输出电压 u_d 为极性不变，但瞬时值变化的脉动直流，其波形只在 u_2 正半周内出现，故称“半波”整流。加之电路中采用了可控器件晶闸管，且交流输入为单相，故该电路称为单相半波可控整流电路。

从晶闸管开始承受正向阳极电压起到施加触发脉冲止的电角度称为触发延迟角，用 α

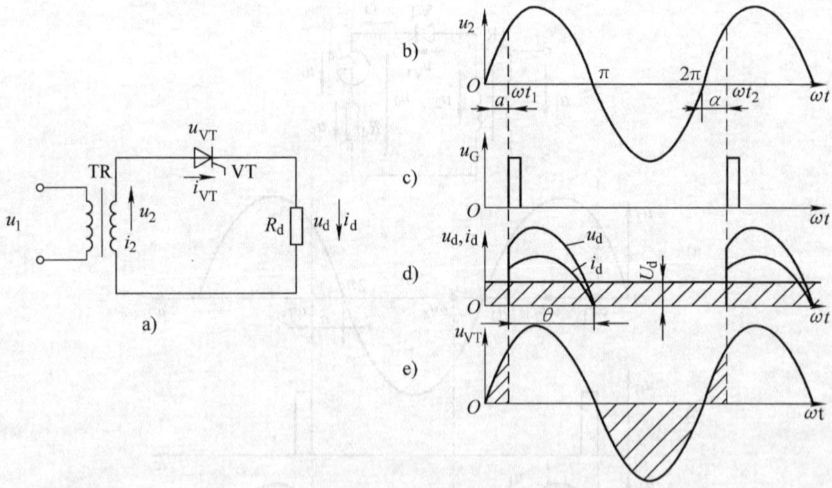

图2-1　单相半波可控整流电路及波形

表示。晶闸管在一个电源周期中处于通态的电角度称为导通角，用 θ 表示，$\theta=\pi-\alpha$。

（2）参数分析

1）输出直流电压平均值 U_d。整流输出端得到的是脉动的直流电压，其大小是以平均值来衡量的。由图2-1d 可以推出

$$U_d=\frac{1}{2\pi}\int_{\alpha}^{\pi}\sqrt{2}U_2\sin\omega t\mathrm{d}(\omega t)=0.45U_2\frac{1+\cos\alpha}{2}$$

由上式可见，当 $\alpha=0$ 时，整流输出电压平均值 U_d 最大，为 $0.45U_2$。随着 α 增大，U_d 减小，当 $\alpha=\pi$ 时，$U_d=0$。可见调节 α 可控制 U_d 的大小。

改变触发脉冲出现的时刻，即改变触发延迟角 α 的大小称为移相。本电路的移相范围为 0～180°。

2）输出直流电流平均值 I_d。由电阻的性质可知，

$$I_d=U_d/R_d$$

3）晶闸管承受的最大正、反向电压 U_{TM}。由图2-1e 可以看出，晶闸管的正、负半周中所承受的正向和反向电压的最大值，都可能达到输入交流电压的峰值，即

$$U_{FM}=U_{RM}=\sqrt{2}U_2$$

2. 阻感性负载的工作情况

阻感性负载中既有电阻又有电感，且感抗与电阻的大小相比不可忽略。属于此类负载的有：各种电机的励磁绕组、经电抗器滤波的负载等。阻感性负载与电阻性负载的工作情况大不相同，为了分析方便，通常把电阻 R_d 与电感 L_d 分开。阻感性负载表现为电流增加时，阻止电流增加；当电流减小时，反过来阻止电流减小。这使得流过电感的电流不能发生突变，这是阻感性负载的特点。带阻感性负载的单相半波可控整流电路及波形如图2-2 所示。

（1）工作原理　0～ωt_1 期间：电源电压 u_2 虽然为正，但因无触发脉冲，晶闸管处于阻断状态，负载电压 u_d、电流 i_d 均为零，管子承受全部电源电压。

ωt_1～ωt_2 期间：在 ωt_1 时刻，触发电路送出触发脉冲，晶闸管被触发导通，电源电压 u_2

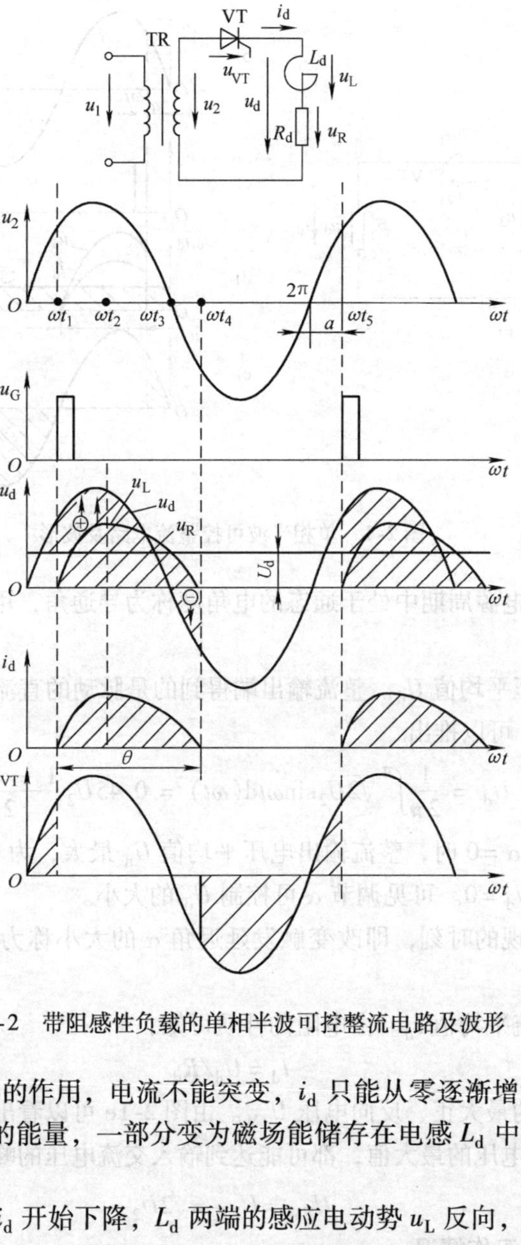

图 2-2　带阻感性负载的单相半波可控整流电路及波形

突然加在负载上。由于 L_d 的作用，电流不能突变，i_d 只能从零逐渐增大，到 ωt_2 时 i_d 上升到最大值。这期间，电源的能量，一部分变为磁场能储存在电感 L_d 中，一部分消耗在电阻 R_d 上。

$\omega t_2 \sim \omega t_3$ 期间：由于 i_d 开始下降，L_d 两端的感应电动势 u_L 反向，对晶闸管而言是正向电压，它阻碍 i_d 减小。在电感 L_d 的作用之下，i_d 的减小总是要滞后于 u_2 的减小。到 ωt_3 时，u_2 已降为零但 i_d 仍为正，晶闸管保持导通。这期间，电源和电感同时向电阻提供能量。

$\omega t_3 \sim \omega t_4$ 期间：u_2 过零变负，i_d 继续下降，但只要 L_d 两端的感应电动势大于电源电压 u_2，晶闸管仍承受正向电压，因此在 u_2 负半波的一段时间内，晶闸管能继续保持导通。这期间，L_d 继续释放磁场能，一部分供给 R_d，另一部分回馈电源。直到 $\omega t = \omega t_4$ 时，电感的磁场能量释放完毕，i_d 下降到零，晶闸管 VT 关断。下一个周期周而复始。

图 2-2c 中，阴影部分带箭头的直线长度表示 u_L 瞬时值（$u_L = u_d - u_R$），箭头向上表示 u_L 为正，箭头向下表示 u_L 为负。而“+”、“-”两块阴影面积可表示电流的上升与下降量，两块阴影面积相等则表明电感吸收的能量与放出的能量相等。

由上述分析可见，在阻感性负载时，由于 L_d 的作用使电流 i_d 波形平稳，延迟了晶闸管的关断时间，从而导致 u_d 波形出现负值，使整流输出的直流平均电压下降。电感越大，u_d 波形的负值部分越多。对于不同触发延迟角 α 和不同的负载阻抗角 $\varphi=\arctan(\omega L_d/R_d)$，晶闸管的导通角 θ 是不同的，α 越小，φ 角越大，θ 越大。当 $\omega L_d >> R_d$（称为大电感负载）时，对于不同的触发延迟角 α，导通角 $\theta\approx2\pi-2\alpha$。这样，负载上所得到的电压波形正负面积近似相等，整流输出的直流平均电压接近于零，电路将无法工作。

由以上可知，当负载中存在电感时，负载电压波形将出现负的部分，晶闸管的导通角 θ 变大。且负载中电感参数 L_d 越大，则 L_d 储能越多，晶闸管的导通角 θ 越大，输出的直流电流平均值也越小。在大电感负载 $\omega L_d >> R_d$ 时，负载电压波形中负的部分越接近正的部分，负载电压平均值 U_d 越接近零。

（2）续流二极管的作用　为解决上述大电感负载时，整流输出的直流平均电压近似为零的问题，关键是使负载端电压波形不出现负值。如图 2-3a 所示，可在负载两端反并联一个续流二极管 VD，注意 VD 的极性不要接错，否则会引起短路。

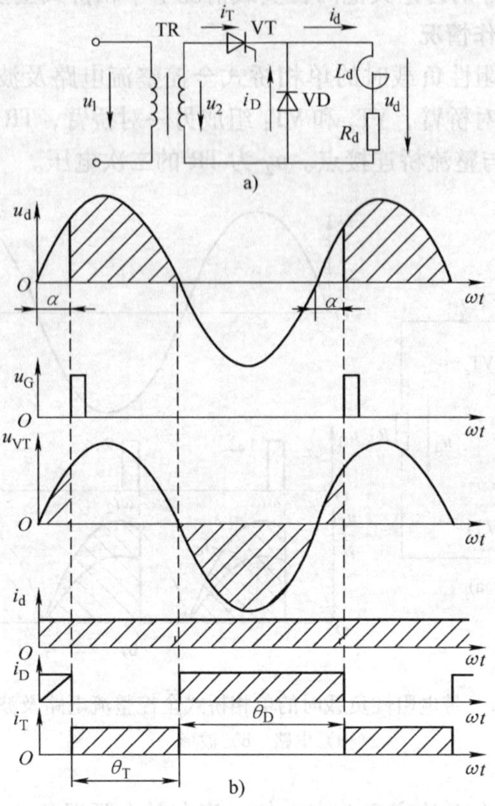

图 2-3　单相半波带阻感性负载有续流二极管的可控整流电路及波形

当电源电压 u_2 正半周时，二极管承受反压而截止，其工作情况与未接续流二极管时一样。

当电源电压 u_2 过零变负时，二极管承受正压立即导通，u_d 为零。此时为负的 u_2 通过 VD 向 VT 施加反压使其关断，电感线圈储存的能量保证了电流 i_d 在 $L_d\rightarrow R_d\rightarrow$VD 回路中流通，此过程通常称为续流。

单相半波带大电感负载并接续流二极管时，整流电路输出直流电压 u_d 波形和电阻性负载时一样。由于大电感的作用，电流 i_d 不但连续而且基本保持不变，接近于一条水平线，其脉动成分近似为零，有效值与平均值近似相等，$I = I_d = U_d/R_d$（纯电感并不消耗能量，u_d 中交流成分绝大部分降落在电感上，而直流成分全部降落在电阻上，平均电压 $U_{dL} = 0$，$U_{dR} = U_d$，直流分量电流 I_d 只由 R_d 来决定）。应该指出，负载电流实际上由晶闸管 VT 和续流二极管 VD 二者承担，晶闸管导通时，电流由晶闸管提供，$i_d = i_T$，$\theta_T = \pi - \alpha$；晶闸管关断时，电流由续流管提供，$i_d = i_D$，$\theta_D = \pi + \alpha$。

2.1.2 单相桥式全控整流电路

单相半波可控整流结构简单，调试方便，投资少，但输出的直流电压脉动大，整流变压器只有半周工作，利用率低且有直流分量流过，一般只用在小容量整流且要求不高的场合。单相整流电路中应用较多的是单相桥式全控整流电路。根据所接负载，单相桥式全控整流电路的工作情况可分为电阻性负载、阻感性负载及反电动势负载三种，本节将首先分析带电阻性负载时的工作情况，并分别讨论其他两种负载情况下单相桥式全控整流电路的工作。

1. 带电阻性负载的工作情况

（1）工作原理　带电阻性负载时的单相桥式全控整流电路及波形如图 2-4 所示。图中晶闸管 VT_1 和 VT_3 组成一对桥臂，VT_2 和 VT_4 组成另一对桥臂，TR 为整流变压器，R_d 是整流电路负载。a、b 为 TR 与整流桥连接点。u_2 为 TR 的二次电压。

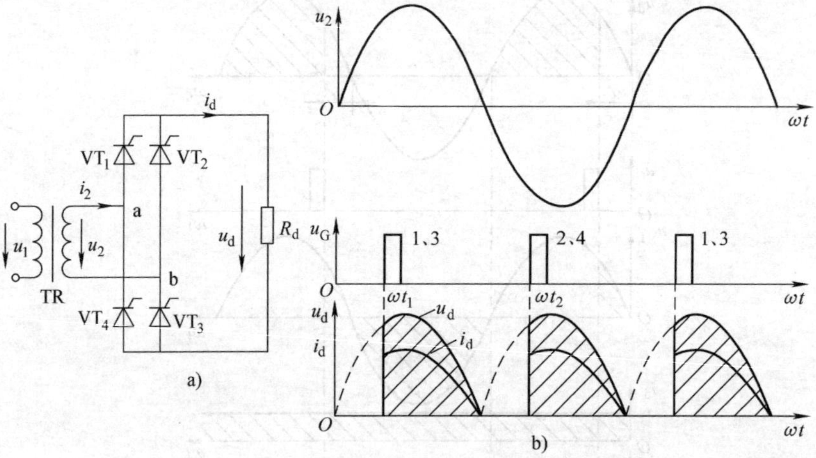

图 2-4　带电阻性负载时的单相桥式全控整流电路及波形

a）电路　b）波形

在 u_2 正半周，此时 a 点电位高于 b 点电位，当在触发延迟角 $\omega t_1 = \alpha$ 时给 VT_1 和 VT_3 加触发脉冲，VT_1 和 VT_3 即导通，电流从电源 a 点经 VT_1、R_d、VT_3 流回电源 b 点。当 u_2 过零时，流经晶闸管的电流也降到零，VT_1 和 VT_3 关断。若不加触发脉冲四个晶闸管均不导通，负载电流 i_d 为零，u_d 也为零，VT_1、VT_3 串联承受电压 u_2，并各承受 u_2 的一半。

在 u_2 负半周，仍在触发延迟角 $\omega t_2 = \alpha$ 处，VT_2 和 VT_4 导通，电流从电源 b 点流出，经 VT_2、R_d、VT_4 流回电源 a 点。u_2 过零时，电流又降为零，VT_2 和 VT_4 关断。VT_2 和 VT_4 的

$\alpha=0$ 位于 $\omega t=\pi$ 处，两组触发脉冲在相位上相差180°。

此后又是 VT_1 和 VT_3 导通，如此循环下去。由于在交流电源的正、负半周都有整流输出电流流过负载，故称为全波整流。

(2) 参数分析

1) 整流电压平均值为

$$U_d = \frac{1}{\pi}\int_0^{\pi}\sqrt{2}U_2\sin\omega t\mathrm{d}(\omega t) = 0.9U_2\frac{1+\cos\alpha}{2}$$

当 $\alpha=180°$ 时，$U_d=0$，为最小值；$\alpha=0$ 时，$U_d=0.9U_2$，为最大值。可见，α 的移相范围是0~180°。

2) 负载上输出的直流电流平均值为

$$I_d = U_d/R_d$$

3) 晶闸管承受的最大反向电压为

$$U_{RM}=\sqrt{2}U_2$$

4) 流过晶闸管的有效值和电流平均值。为选择晶闸管，变压器容量、导线截面积等定额需考虑发热问题，为此需知道流过晶闸管电流有效值。可以推得流过晶闸管的有效值为

$$I_{VT}=I_2/\sqrt{2}$$

晶闸管 VT_1、VT_3 和 VT_2、VT_4 轮流导电，流过晶闸管的电流平均值只有输出直流电流平均值的一半，即

$$I_{dVT}=I_d/2$$

［**例2-1**］　单相桥式全控整流电路电阻性负载时的电路如图2-4a所示，$R_d=4\Omega$，要求 I_d 在0~25A之间变化，$U_1=220V$，求：

(1) 整流变压器的电压比（不考虑裕量）；

(2) 选择晶闸管型号（考虑两倍裕量）；

［**解**］　(1) 负载电阻上的最大平均电压为

$$U_{dmax}=I_{dmax}R_d=25A\times4\Omega=100V$$

由于 $U_d=0.9U_2(1+\cos\alpha)/2$，当 $\alpha=0$ 时，$U_{dmax}=0.9U_2$

$$U_2=U_{dmax}/0.9=100V/0.9=111V$$

整流变压器的电压比为

$$K=U_1/U_2=220/111\approx2$$

(2) 依据晶闸管的额定电流，即

$$I_{dVT}=I_d/2$$

$$I_{dVT}=I_d/2=25A/2=12.5A$$

晶闸管承受的最大电压为

$$U_{TM}=\sqrt{2}U_2=\sqrt{2}\times111V=157V$$

考虑两倍裕量，取 $U_{TM}=400V$，$I_{dVT}=30A$，选择晶闸管型号为KP30－4。

2. 带阻感性负载的工作情况

(1) 工作原理　电路如图2-5a所示，在负载端串入足够大的电感，即为大电感负载。该电路的工作情况与电阻性负载时的不同之处在于当电源电压 u_2 由正变零时，由于电感释

放能量，电流 i_d 尚未下降到零，VT_1、VT_3 继续保持导通。负载两端电压 u_d 出现负值，直到 u_2 负半周 $\omega t=\pi+\alpha$ 时，VT_2、VT_4 被触发导通而换相，同时 VT_1、VT_3 因承受反压而关断。同理 VT_2、VT_4 要一直导通到下一个周期时因 VT_1、VT_3 被触发导通才关断。电流由一组晶闸管转移到另一组晶闸管的过程称为换相。至下一周期重复上述过程，如此循环往复。显然，每一个周期内一个晶闸管导通 180°，负载电流 i_d 因电感感抗很大，电流纹波小，因而可认为其波形是水平直线，各波形如图 2-5b 所示。

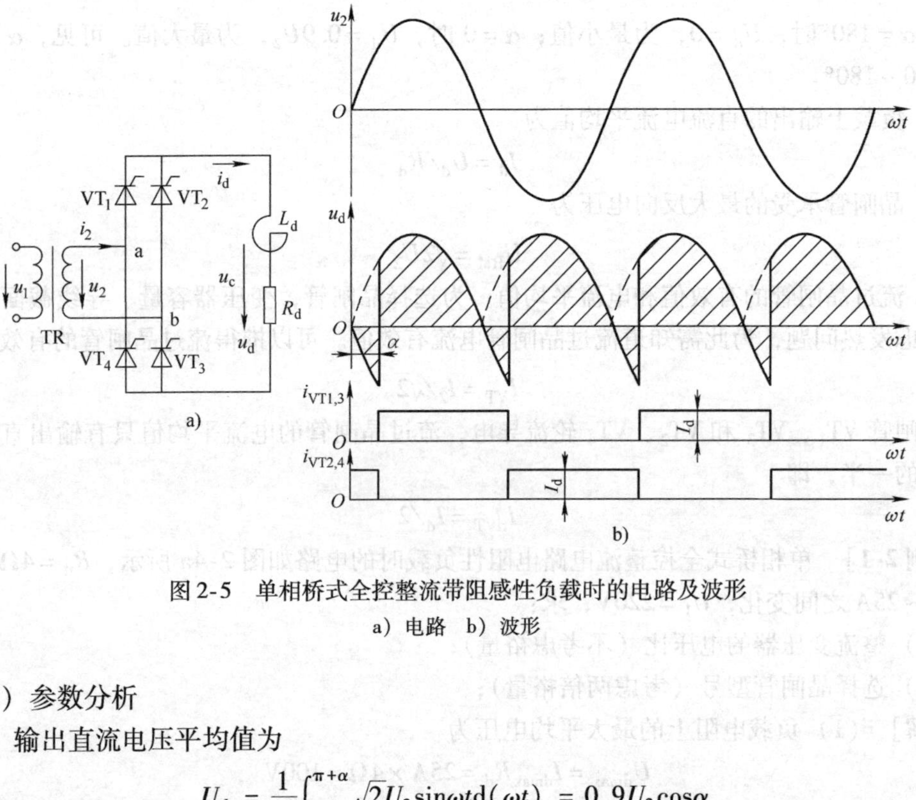

图 2-5　单相桥式全控整流带阻感性负载时的电路及波形

a) 电路　b) 波形

（2）参数分析

1）输出直流电压平均值为

$$U_d = \frac{1}{\pi}\int_{0}^{\pi+\alpha}\sqrt{2}U_2\sin\omega t\,d(\omega t) = 0.9U_2\cos\alpha$$

当 $\alpha=0$ 时，$U_d=0.9U_2$；$\alpha=90°$时，$U_d=0$。α 角的移相范围为 0 ~ 90°。

2）输出电流平均值为

$$I_d = U_d/R_d$$

3）晶闸管承受的最大反向电压为

$$U_{RM}=\sqrt{2}U_2$$

4）晶闸管平均值和有效值分别为

$$I_{dVT}=I_d/2 \quad I_{VT}=I_d/\sqrt{2}$$

5）变压器二次电流 i_2 有效值为

$$I_2=I_d$$

3. 带反电动势负载的工作情况

具有一定直流电动势的负载称为电动势性负载，如蓄电池、电容器和运行中的直流电动机等；这些负载对于可控整流电路而言，相当于反电动势，其等效电路用电动势 E 和内阻

R_d 表示，负载电动势的极性如图 2-6a 所示。单相桥式全控整流电路带反电动势负载的电路及波形如图 2-6 所示。

在这种负载中，只有整流电压 u_d 大于负载的电动势时才有能量输出。因为只有这时晶闸管才承受正向电压而触发导通；当 $u_2 < E$ 时，晶闸管因承受反向电压而关断。与带电阻性负载时相比晶闸管关断提前，提前角度称为停止导通角，用 δ 表示。因此在 α 角相同时，整流输出电压比带电阻性负载时大。

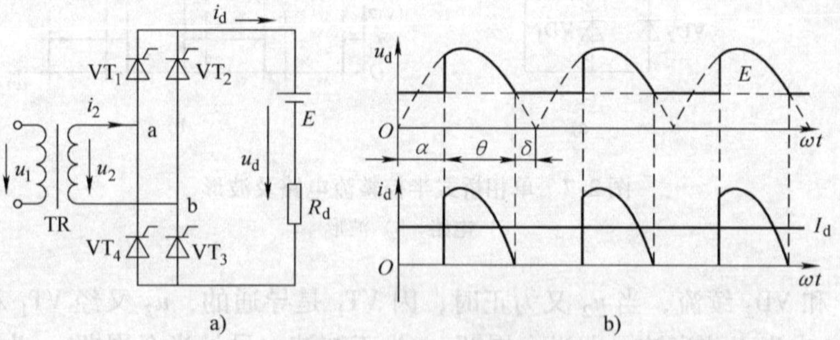

图 2-6　单相桥式全控整流电路带反电动势负载的电路及波形

a）电路　b）波形

由于反电动势负载回路中的电阻都很小，使得 i_d 很大，i_d 的最大值也很大。这样电流的有效值比其平均值大很多，使变压器和晶闸管产生的热量增加。如果在回路中串入电感，则可抑制电流的峰值，延长晶闸管的导通时间，使电流 i_d 变平。所以，一般反电动势负载回路中都串联平波电抗器，以改善整流电路及负载的工作条件。

2.1.3　单相桥式半控整流电路

在单相桥式全控整流电路中共用了四个晶闸管，分两个导电回路，每一个导电回路中有两个晶闸管同时控制电路工作。实际上，对每个导电回路进行控制，只需一个晶闸管就可以了，另一个晶闸管可以用二极管代替，从而简化整个电路。把图 2-4a 中所示的晶闸管 VT_3、VT_4 换成二极管 VD_1、VD_2，即成为单相桥式半控整流电路，如图 2-7a 所示，其波形图如图 2-7b 所示。

在带电阻性负载时半控电路与全控电路的工作情况相同，这里只对带阻感性负载的工作情况进行讨论。

在 u_2 正半周，触发脉冲加在晶闸管 VT_1 上，触发延迟角为 α，u_2 经 VT_1 和 VD_1 向负载供电。u_2 过零变负时，因电感作用使电流连续，VT_1 继续导通。但因 a 点电位低于 b 点电位，使得电流从 VD_1 转移至 VD_2，VD_1 关断，电流不再流经变压器二次绕组，而是由 VT_1 和 VD_2 续流。忽略器件的通态压降，则 $u_d = 0$，不像全控桥式电路那样出现 u_d 为负的情况。

在 u_2 负半周触发 VT_2，触发延迟角为 α，VD_2 导通，则向 VT_1 加反压使之关断，u_2 经 VT_2 和 VD_2 向负载供电。u_2 过零变正时，VD_1 导通，VD_2 关断，VT_2 和 VD_1 续流，u_d 又为零。此后重复以上过程。

值得注意的是，当某种原因使 α 突然增大至 180°或触发脉冲丢失时，由于电感储能不经变压器二次绕组释放，只是消耗在负载电阻上，会发生一个晶闸管持续导通而两个二极管轮流导通的情况。例如当 VT_1 导通时切断触发电路，则当 u_2 变负时，由于电感的作用，负

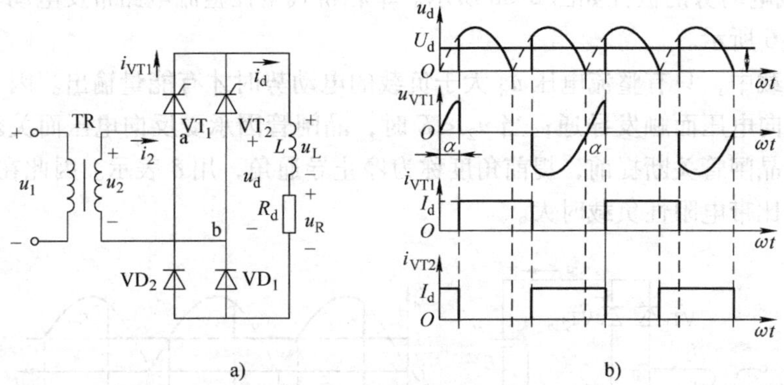

图 2-7　单相桥式半控整流电路及波形
a）电路　b）波形

载电流由 VT_1 和 VD_2 续流，当 u_2 又为正时，因 VT_1 是导通的，u_2 又经 VT_1 和 VD_1 向负载供电，这使 u_d 成为正弦半波，即半个周期 u_d 为正弦波，另外半个周期 u_d 为零，其平均值保持恒定，相当于单相半波不可控整流电路时的波形，这种现象称为失控。

为了消除失控，带阻感性负载的单相桥式半控整流电路中需加接续流二极管 VD_3，如图 2-8a 所示。加上续流二极管 VD_3 后，当 u_2 降到零时，负载电流经续流二极管续流，整流桥输出端只有不到 1V 的压降，迫使晶闸管与二极管串联电路中的电流降到晶闸管的维持电流以下，使晶闸管关断，从而避免失控现象。

实际应用中的单相桥式半控整流电路的另一种接法如图 2-8b 所示，这样可以省去图 2-8a 中的续流二极管 VD_3，续流由 VD_1 和 VD_2 来实现。

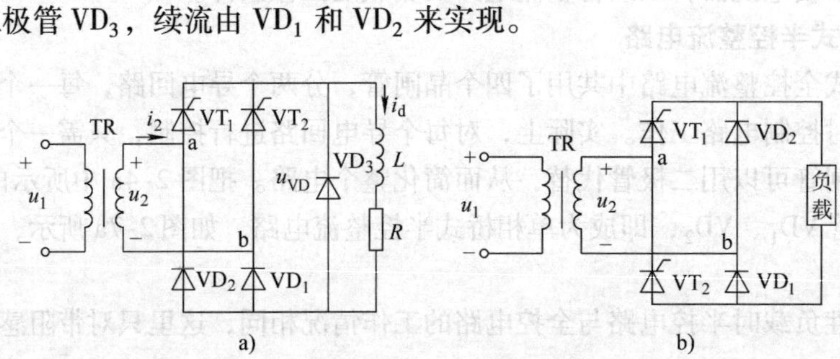

图 2-8　实际应用的单相桥式半控整流电路
a）加设续流二极管　b）不加设续流二极管

2.1.4　晶闸管的触发电路

在晶闸管阳极加上正向电压后，还必须在门极与阴极之间加上触发电压，晶闸管才能从阻断变为导通，提供门极与阴极间触发电压的电路，称为晶闸管的触发电路。它决定每个晶闸管的触发导通时刻，是晶闸管装置中不可缺少的一个重要组成部分。触发信号可以是交流、直流或脉冲，触发信号只能在门极为正、阴极为负时起作用。触发信号有多种形式，如图 2-9 所示。但为了减少门极的损耗，触发信号采用脉冲形式。

1. 对触发电路的要求

（1）触发信号应有足够的功率（触发电压和触发电流）　触发电压和触发电流应大于

晶闸管的门极触发电压和门极触发电流。因为晶闸管的特性有较大的分散性，且会随温度而变化，故在考虑触发电路时，触发信号的功率应留有裕量，保证晶闸管可靠触发。当然触发信号也不能超过门极的电压、电流和功率定额。

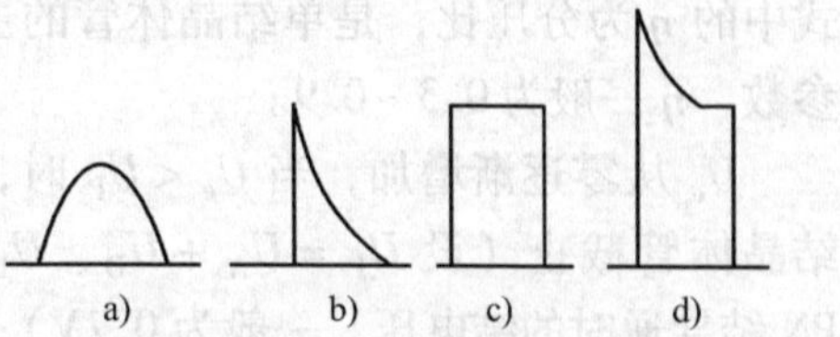

图2-9 常见触发信号电压波形

a）正弦波 b）尖脉冲

c）方脉冲 d）强触发脉冲

（2）触发脉冲的移相范围应能满足变流装置的要求 触发脉冲的移相范围与主电路形式、负载性质及变流装置的用途有关。例如，三相半波整流电路，在带电阻性负载时，要求移相范围为0～150°；而三相桥式全控整流电路，带电阻性负载时要求移相范围为0～120°。若三相桥式全控电路工作于整流或逆变状态并对阻感性负载供电，则要求移相范围为0～180°。

（3）触发脉冲应有一定的宽度，脉冲的前沿应尽可能陡 触发脉冲的宽度一般应保证晶闸管阳极电流在脉冲消失前能达到擎住电流，使晶闸管保持通态，这是最小的允许宽度。一般晶闸管的开通时间为6μs左右，故触发脉冲的宽度应在6μs以上，最好为20～50μs。脉冲宽度还与负载性质及主电路的形式有关。例如，对于单相整流电路，带电阻性负载时要求脉冲宽度大于10μs，带阻感性负载时要求脉冲宽度大于100μs。对于三相桥式全控电路，采用单脉冲触发时，脉冲宽度应为60°～120°，采用双脉冲触发时，脉冲宽度为10°左右即可。

（4）触发脉冲与主电路电源电压必须同步 为了使晶闸管在每一周期都能重复在相同的相位上触发，保证变流装置的品质和可靠性，触发电路的同步电压与主电路电源电压必须保持某种固定的相位关系。这种实现同步电压与主电路电源电压保持固定相位关系的方法称为同步配合。

2. 单结晶体管触发电路

（1）单结晶体管的结构及其伏安特性

1）单结晶体管结构。它有一个PN结和三个电极，其中一个为发射极e，另两个为第一基极 b_1 和第二基极 b_2。单结晶体管外形、结构、图形符号、等效电路如图2-10所示。

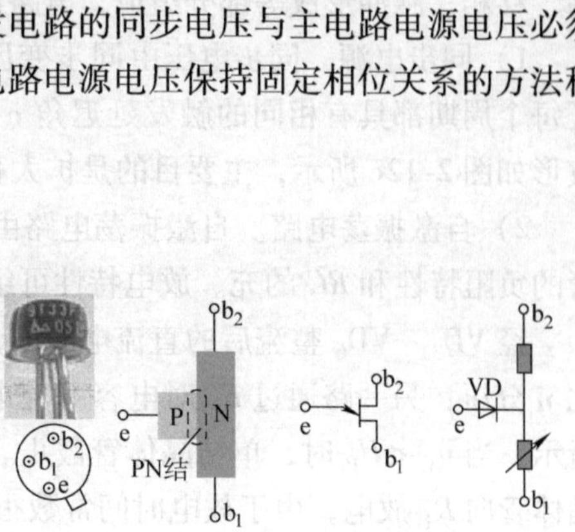

图2-10 单结晶体管

a）外形 b）结构

c）图形符号 d）等效电路

2）单结晶体管的伏安特性。当两个基极 b_2 和 b_1 之间加某一固定直流电压 U_{bb} 时，发射极电流 I_e 与发射极正向电压 U_e 之间的关系曲线称为单结晶体管的伏安特性。单结晶体管的实验电路及伏安特性曲线如图2-11所示，曲线分为三个区间段。

① 截止区——aP 段：当开关S闭合时，电压 U_{bb} 通过单结晶体管等效电路中的 r_{b1} 和 r_{b2} 分压，得到A点的电位 U_A 为

$$U_A = \frac{r_{b1}}{r_{b1} + r_{b2}} U_{bb} = \eta U_{bb}$$

式中的 η 为分压比，是单结晶体管的主要参数，η 一般为0.3 ~0.9。

U_e 从零逐渐增加，当 $U_e < U_P$ 时，单结晶体管截止（设 $U_P = U_A + U_D$，U_D 为PN结导通时的结电压，一般为0.7V）；当 $U_e > U_P$ 时，单结晶体管就由截止状态转为导通状态。曲线上单结晶体管由截止转为导通的 P 点称为峰点，与之对应的电压 U_P 和电流 I_P 分别称为峰点电压和峰点电流。

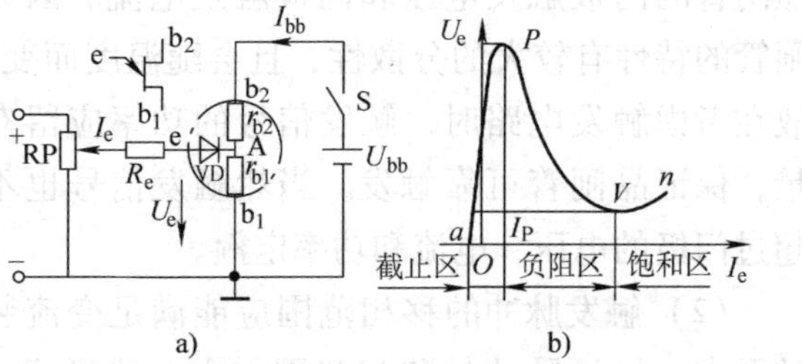

图2-11 单结晶体管的伏安特性

a）实验电路 b）伏安特性曲线

② 负阻区——PV 段：当 $U_e = U_P$ 时，单结晶体管由截止转为导通，发射极电流 I_e 开始剧增，大量的空穴载流子从发射极注入 b_1 硅片中，使 r_{b1} 迅速减小，致使 U_A 下降，即 PV 线的动态电阻 $\Delta R_{eb1} = \Delta U_e / \Delta I_e$ 为负值，所以称负阻区，曲线上的 V 点称为谷点，对应的电压 U_V 和电流 I_V 称为谷点电压和谷点电流。

③ 饱和区——Vn 段：当硅片中载流子饱和后，要使 I_e 继续增大，必须增大电压 U_e，单结晶体管处于饱和导通状态。

可见，谷点电压是维持单结晶体管导通的最小发射极电压，即 $U_e \leqslant U_V$ 时，单结晶体管就由导通状态转为截止状态。

（2）单结晶体管触发电路 单结晶体管构成的触发电路具有简单、可靠、抗干扰能力强、脉冲前沿陡等优点，在小容量的晶闸管装置中得到了广泛应用。它由同步电源、自激振荡、移相、脉冲形成等部分组成，电路如图2-12所示。

1）同步电源。同步电压由同步变压器TS获得，完成主电路与触发电路的同步，以保证每个周期都具有相同的触发延迟角 α，使输出电压平稳。稳压二极管VS起削波的作用，波形如图2-12c所示，主要目的是扩大移相范围并使不同 α 时的脉冲 u_g 幅值相等。

2）自激振荡电路。自激振荡电路由 R_2、R_1、R_e、C 和单结晶体管构成，利用单结晶体管的负阻特性和 RC 的充、放电特性可组成自激振荡电路，产生频率可变的脉冲。

经 $VD_3 \sim VD_6$ 整流后的直流电源 U，一路经 R_2、R_1 在单结晶体管两个基极之间按分压比 η 分压；另一路通过 R_e 对电容 C 充电，发射极电压 $u_e = u_C$ 按指数规律上升，如图2-12d所示。当 $u_C < U_P$ 时，单结晶体管截止。当 $u_C > U_P$ 时，单结晶体管导通，电容 C 通过单结晶体管向 R_1 放电，由于放电时间常数很小，放电很快，放电电流在 R_1 上形成一个脉冲电压 u_g，波形如图2-12e所示。当 $u_C < U_V$ 时，单结晶体管恢复截止，电源再次向电容 C 充电，如此循环不已，在电容 C 的两端形成锯齿波电压，而在电阻器 R_1 上获得一串脉冲电压。改变 R_e 可方便地改变振荡频率。

3）移相控制。当 R_e 增大时，单结晶体管发射极充电到峰点电压 U_P 的时间增大，第一个脉冲出现的时刻推迟，即触发延迟角 α 增大；R_e 减小时则 α 亦减小，实现了移相。

4）脉冲输出。触发脉冲 u_g 由 R_1 上直接取出，波形如图2-12e所示。这种方法简单、经济，但触发电路与主电路有直接的电联系，不安全。因此触发电路常采用脉冲变压器传送脉冲电压，将触发电路和主电路进行电隔离。

图2-12f为可控整流输出电压波形。

由单结晶体管组成的触发电路，尽管结构简单，但缺点也明显，如输出功率较小、参数分散性较大、脉冲较窄以及脉冲移相范围受限制等，故多用于要求不太高的单相整流装置场合。

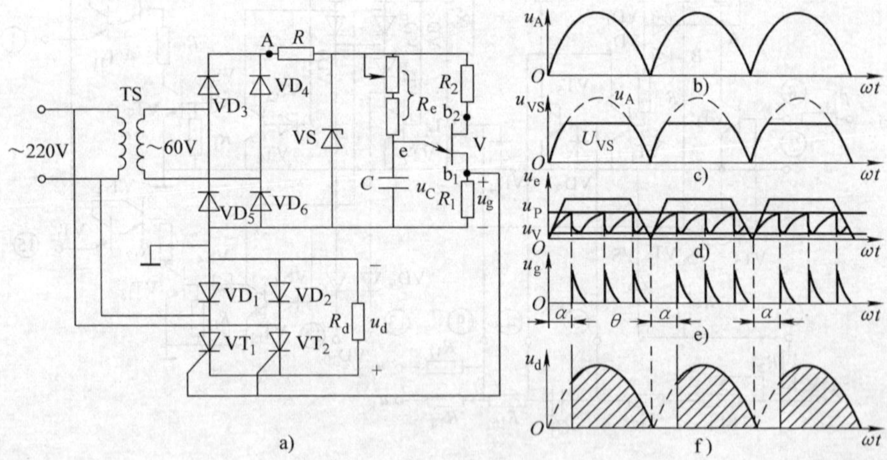

图 2-12 单结晶体管触发电路

a）电路 b）~f）波形

3. 集成触发电路

集成化晶闸管移相触发电路具有移相线性度好、性能稳定可靠、体积小、温度漂移小等优点，形成了系列化的产品，国产 KC 系列、改进型产品 KJ 系列已经得到越来越广泛的应用。现以国产 KC 系列 KC04 移相触发电路为例，介绍其外部结构与工作过程。

KC04 集成触发器是一种集驱动控制和驱动电路为一体、供相控触发方式的电力电子电路采用的专用集成电路，属于同步信号为锯齿波形的触发电路；KC04 为 16 脚双列直插式封装，由其组成的触发电路如图 2-13 所示。KC04 由同步单元、锯齿波形成单元、移相控制单元、脉冲形成单元和脉冲放大输出单元等部分组成。图 2-14 所示是 KC04 集成触发器各点电压波形图。

（1）同步单元 同步电路由晶体管 VT_1 ~ VT_4 等器件组成。正弦波同步电压 u_T 经限流电阻加到 VT_1、VT_2 基极。在 u_T 正半周，VT_2 截止，VT_1 导通，VD_1 导通，VT_4 得不到足够的基极电压而截止。在 u_T 的负半周，VT_1 截止，VT_2、VT_3 导通，VD_2 导通，VT_4 同样得不到足够的基极电压而截止。正弦波同步电压 u_T 经电阻器 R_{14} 接至芯片的⑧端，在芯片内产生过零检测的同步脉冲 u_{VT4C}。

（2）锯齿波形成单元 外接电容器 C_1 通过芯片的③和④端接至 VT_5 管的基极和集电极之间，构成了电容负反馈的锯齿波发生器。锯齿波电压的斜率将由充电电路的 C_1、R_6、R_{15} 和 RP_1 相关参数的数值决定。锯齿波 u_{VT5C} 的相位与 u_{VT4C} 相同。

（3）移相控制单元 锯齿波电压 u_{VT5C}（晶闸管 VT_5 的集电极电压）和外接偏移电压 u_P、移相控制电压 u_K，分别经过电阻 R_{16}、R_{17}、R_{18} 由端子⑨进入芯片，经叠加后，如果偏移电压 u_P 和锯齿波电压 u_{VT5C} 为定值，那么改变 u_K 的大小即可改变脉冲产生的时刻，起到移相控制的作用。

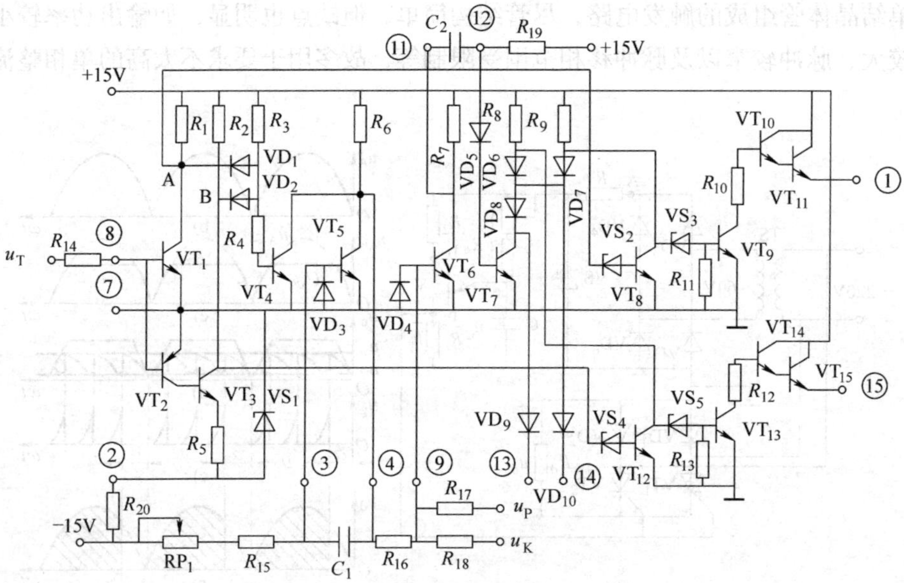

图 2-13 KC04 组成的触发电路

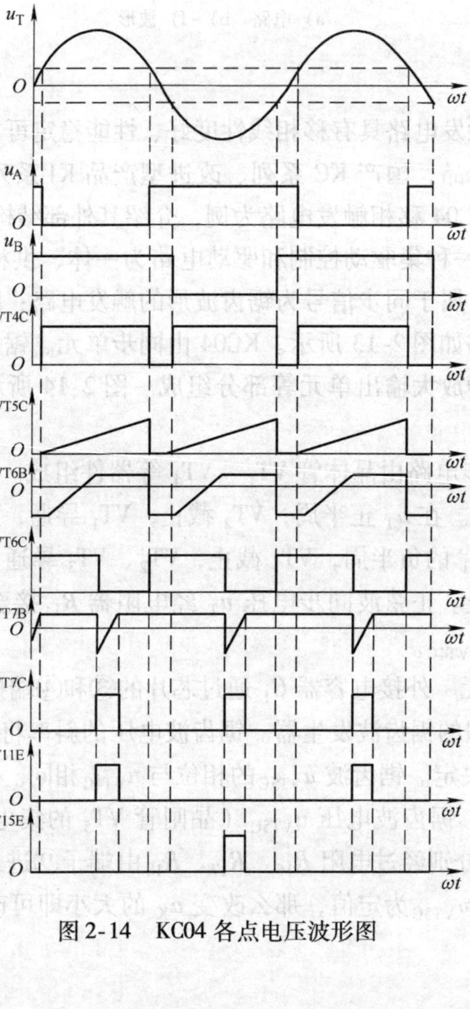

图 2-14 KC04 各点电压波形图

（4）脉冲形成单元 +15V 电源、C_2、R_{19}为外接电路，C_2与芯片端子⑪、⑫连接，在⑬就得到一个宽度固定的移相脉冲，该脉冲宽度由时间常数 C_2R_{19}（C_2、R_{19}的相关参数）决定。

（5）脉冲放大输出单元 VT_8 ~ VT_{15}组成脉冲输出电路，承担脉冲功率放大及输出。外接正弦同步电压 u_T 的正半周，触发脉冲由①端输出，⑮端无输出；在 u_T 的负半周，触发脉冲由⑮输出，①端无脉冲输出。

2.2 三相可控整流电路

当负载容量较大时，若采用单相可控整流电路，将造成电网三相电压的不平衡，影响其他用电设备的正常运行，因此必须采用三相可控整流电路。三相可控整流电路中，最基本的是三相半波可控整流电路，应用最为广泛的是三相桥式全控整流电路。本节首先分析三相半波可控整流电路，然后分析三相桥式全控整流电路。

2.2.1 三相半波可控整流电路

1. 三相半波不可控整流电路

三相半波不可控整流电路由三相变压器 TR、整流二极管 VD_1 ~ VD_3 和负载电阻 R_d 组成，电路如图 2-15 所示。

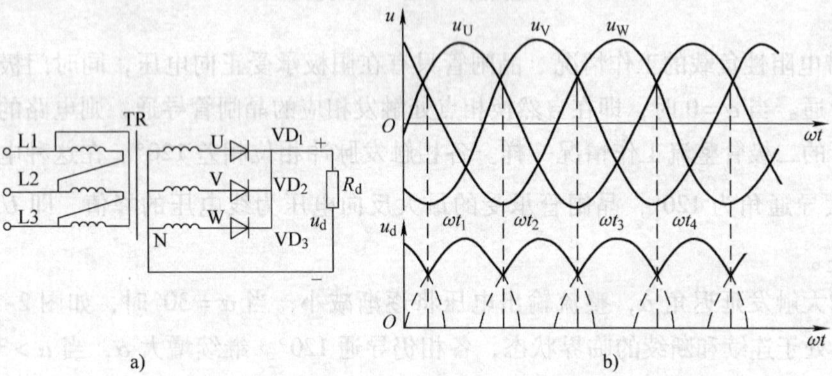

图 2-15 三相半波不可控整流电路（带电阻性负载）

图 2-15a 所示电路中，变压器为△/Y联结，分别接入三相电源，三个整流二极管分别用 VD_1、VD_2、VD_3 表示，采用共阴极接法（将它们的阴极连接在一起）。三个二极管对应的相电压中哪一个的值最大，则该相所对应的二极管导通，并使另两相的二极管承受反压而关断，输出的整流电压即为该相的相电压，其波形如图 2-15b 所示。在一个周期中，器件工作情况如下：$\omega t_1 \sim \omega t_2$ 期间，U 相电压最高，VD_1 导通，$u_d = u_U$；在 $\omega t_2 \sim \omega t_3$ 期间，V 相电压最高，VD_2 导通，$u_d = u_V$；在 $\omega t_3 \sim \omega t_4$ 期间，W 相电压最高，VD_3 导通，$u_d = u_W$。此后，在下一周期相当于 ωt_1 的位置即 ωt_4 时刻，VD_1 又导通，重复前一周期的工作情况。由以上分析可知，一个周期中 VD_1、VD_2、VD_3 轮流导通，每管各导通 120°。u_d 波形为三个相电压在正半周期的包络线；在相电压的交点 ωt_1、ωt_2、ωt_3 处，电流由一个二极管向另一个二

极管转移，这就是二极管换相，称这些交点为自然换相点。

2. 三相半波可控整流电路

把三相半波不可控整流电路中的三个二极管换成三个晶闸管即可得到三相半波可控整流电路（带电阻性负载），如图2-16a所示。自然换相点是各相晶闸管可能被触发导通的最早时刻，因此把各相自然换相点作为计算各相触发延迟角 α 的起算点，即在该点 $\alpha=0$。这时的电压、电流波形如图2-16b所示。

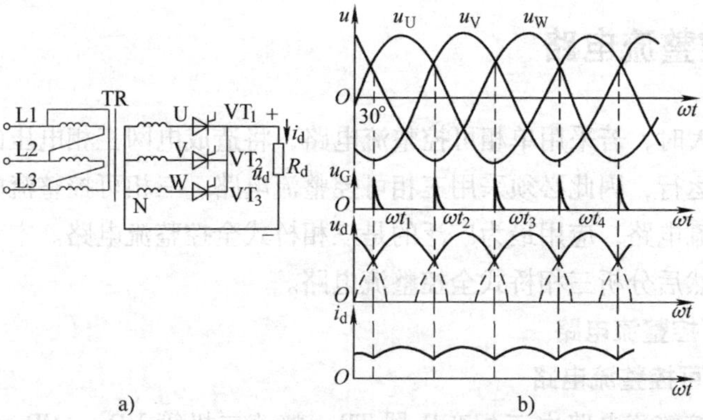

图2-16　三相半波可控整流电路（带电阻性负载）

a）电路图　b）$\alpha=0$ 时的波形

（1）带电阻性负载的工作情况　晶闸管只有在阳极承受正向电压，同时门极加触发电压时才能导通。当 $\alpha=0$ 时，即在自然换相点处触发相应的晶闸管导通，则电路的工作情况与以上分析的二极管整流工作情况一样。各相触发脉冲相位相差120°。在这种电路中，晶闸管的最大导通角为120°，晶闸管承受的最大反向电压为线电压的峰值，即 $U_{RM}=\sqrt{3}\times\sqrt{2}U_2=\sqrt{6}U_2$。

逐步增大触发延迟角 α，整流输出电压将逐渐减小，当 $\alpha=30°$ 时，如图2-17a所示，i_d、u_d 波形处于连续和断续的临界状态，各相仍导通120°。继续增大 α，当 $\alpha>30°$，输出电压和电流不再连续。图2-17b所示是 $\alpha=60°$ 时的输出电压和电流波形。若触发延迟角 α 继续增大，整流输出电压将继续减小，当 $\alpha=150°$ 时，整流输出电压将减小到零。**故带电阻性负载时 α 的移相范围为0～150°**。

综上所述，可以得出如下结论：

1）在 $\alpha\leqslant30°$ 时负载电流连续，每个晶闸管的导通角均为120°，当 $\alpha>30°$ 时，输出电压和电流波形将不再连续。

2）负载上的电压波形是相电压的一部分。

3）晶闸管处于截止状态时所承受的电压是线电压而不是相电压。

对有关量的计算公式如下：

① 整流电压平均值。当 $\alpha\leqslant30°$ 时负载电流连续，有

$$U_d=\frac{3}{2\pi}\int_{(\pi/6)+\alpha}^{(5\pi/6)+\alpha}\sqrt{2}U_2\sin\omega t\,d(\omega t)=(3\sqrt{6}/2\pi)U_2\cos\alpha=1.17U_2\cos\alpha。$$

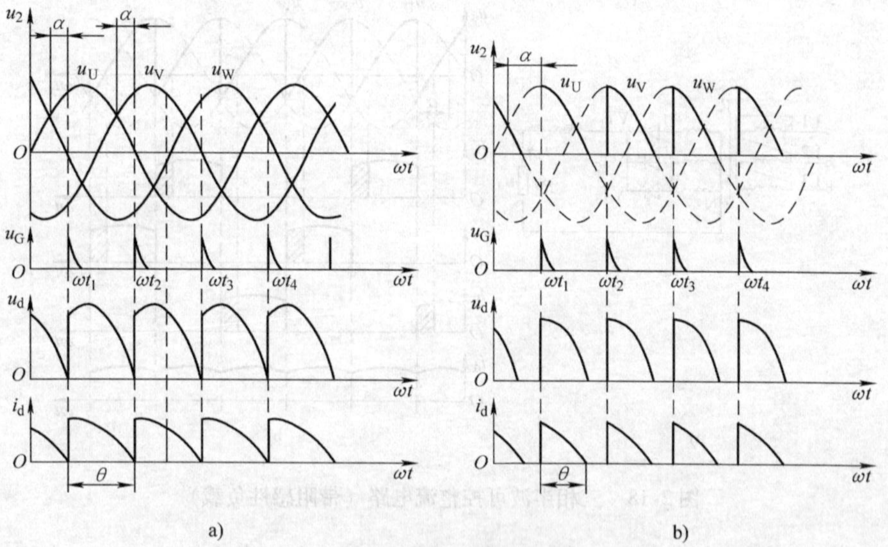

图 2-17　三相半波可控整流电路带电阻性负载时的波形

a）$\alpha=30°$时　b）$\alpha=60°$时

当 $\alpha=0$ 时，整流电压平均值 U_d 最大，$U_d=1.17U_2$。

当 $\alpha>30°$时负载电流断续，$U_d=\dfrac{3}{2\pi}\int_{(\pi/6)+\alpha}^{\pi}\sqrt{2}U_2\sin\omega t\mathrm{d}(\omega t)=1.17U_2\dfrac{1+\cos(30°+\alpha)}{\sqrt{3}}$。

② 负载电流平均值为 $I_d=U_d/R_d$。

③ 每个晶闸管的平均电流为 $I_{dVT}=I_d/3$。

④ 晶闸管承受的最大反向电压为变压器二次线电压的峰值，$U_{RM}=\sqrt{6}U_2$；晶闸管最大正向电压等于变压器二次相电压的峰值，$U_{FM}=\sqrt{2}U_2$。

（2）带阻感性负载的工作情况　$\alpha\leqslant30°$时，整流电压波形与带电阻性负载时相同。

$\alpha>30°$时，例如 $\alpha=60°$时的波形如图 2-18 所示。当 u_2 过零时，由于电感的存在，阻止电流下降，因而 VT_1 继续导通，直到下一个晶闸管 VT_2 的触发脉冲到来才发生换相，由 VT_2 导通向负载供电，同时向 VT_1 施加反压使其关断。这种情况下 u_d 波形中出现负的部分，若 α 增大，u_d 波形中负的部分将增多，至 $\alpha=90°$时，u_d 波形中正、负面积相等，u_d 的平均值为零。可见，**带阻感性负载时 α 的移相范围为 0～90°**。

尽管 $\alpha>30°$，由于大电感的作用，各相晶闸管仍导通 120°，保证了电流的连续，且 L 值很大时，整流电流 I_d 的波形基本是平直的，流过晶闸管的电流接近矩形波，如图 2-18b 所示。

对有关量的计算公式如下：

① 整流电压平均值为

$$U_d=\frac{3}{2\pi}\int_{(\pi/6)+\alpha}^{(5\pi/6)+\alpha}\sqrt{2}U_2\sin\omega t\mathrm{d}(\omega t)=(3\sqrt{6}/2\pi)U_2\cos\alpha=1.17U_2\cos\alpha$$

② 负载电流平均值为 $I_d=U_d/R_d$。

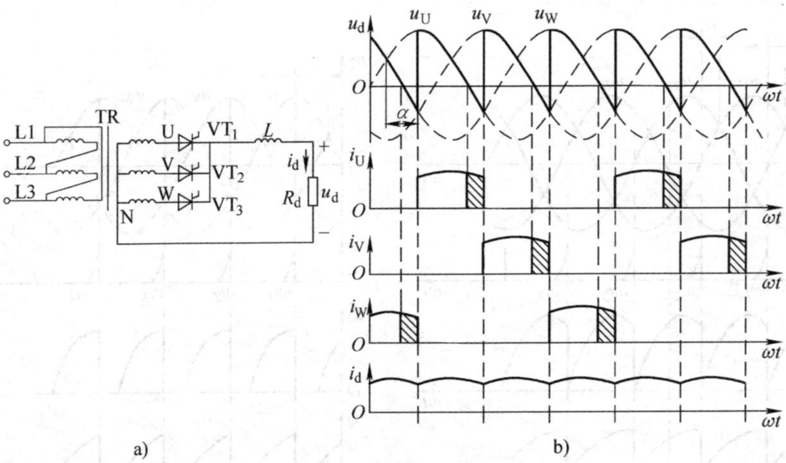

图 2-18　三相半波可控整流电路（带阻感性负载）

③ 每个晶闸管电流平均值为 $I_{dVT}=I_d/3$。

④ 每个晶闸管电流有效值为 $I_{VT}=I_d/\sqrt{3}$。

⑤ 晶闸管承受的最大正、反向电压均为变压器二次线电压峰值，$U_{FM}=U_{RM}=\sqrt{6}U_2$。

2.2.2　三相桥式全控整流电路

三相半波电路比单相整流波形平直，但每相只有 1/3 周期导电，变压器利用率低，且存在直流磁化。所以实际应用较为广泛的是三相桥式全控整流电路。

三相桥式全控整流电路是由一组共阴接法的三相半波可控整流电路（共阴极组的三个晶闸管依次编号为 VT_1、VT_3、VT_5）和一组共阳接法的三相半波可控整流电路（共阳极组的三个晶闸管依次编号为 VT_4、VT_6、VT_2）串联起来组成的，其电路图如图 2-19a 所示。为了分析方便，把交流电源的一个周期由六个自然换相点划分为六段，共阴极组的自然换相点（$\alpha=0$）在 ωt_1、ωt_3、ωt_5 时刻，分别触发 VT_1、VT_3、VT_5 晶闸管，同理可知共阳极组的自然换相点（$\alpha=0$）在 ωt_2、ωt_4、ωt_6 时刻，分别触发 VT_4、VT_6、VT_2 晶闸管。晶闸管的导通顺序为 $VT_1\rightarrow VT_2\rightarrow VT_3\rightarrow VT_4\rightarrow VT_5\rightarrow VT_6$。下面分析三相桥式全控整流电路带不同负载下的工作情况。

1. 带电阻性负载的工作情况

设 $t=0$ 时电路已在工作，即 VT_5、VT_6 同时导通，电流波形已经形成。三相桥式全控整流电路电阻性负载 $\alpha=0°$时的情况如图 2-19b 所示。

在 $\omega t_1\sim\omega t_2$ 期间，U 相电压为最大值，在 ωt_1 时刻触发 VT_1，则 VT_1 导通，VT_5 因承受反压而关断，此时形成 VT_1、VT_6 同时导通，电流从 U 相流出，经 VT_1、负载、VT_6 流回 V 相，负载上得到 U、V 线电压 u_{UV}。在 $\omega t_2\sim\omega t_3$ 期间，U 相电压保持为最大值，W 相电压为最负，在 ωt_2 时刻触发 VT_2，则 VT_2 导通，VT_6 因承受反压而关断，此时形成 VT_1、VT_2 同时导通，电流从 U 相流出，经 VT_1、负载、VT_2 流回 W 相，负载上得到 U、W 线电压 u_{UW}。在 $\omega t_3\sim\omega t_4$ 期间，V 相电压为最正，W 相为最负，在 ωt_3 时刻触发 VT_3，则 VT_3 导通。VT_1 因承受反压而关断，此时形成 VT_2、VT_3 同时导通，电流从 V 相流出，经 VT_3、负载、VT_2

流回 W 相，负载上得到 V、W 线电压 u_{VW}。依次类推，在 $\omega t_4 \sim \omega t_5$ 期间，VT_3、VT_4 同时导通，负载上得到线电压 u_{VU}；在 $\omega t_5 \sim \omega t_6$ 期间，VT_4、VT_5 同时导通，负载上得到线电压 u_{UW}。总之，对于共阴极组的三个晶闸管，阴极所接交流电压值最高的一个导通。而对于共阳极组的三个晶闸管，则是阴极所接交流电压值最低（或者说负得最多）的一个导通。这样，任意时刻共阳极组和共阴极组中各有一个晶闸管处于导通状态，施加于负载上的电压为某一线电压。此时电路工作波形如图 2-19b 所示。

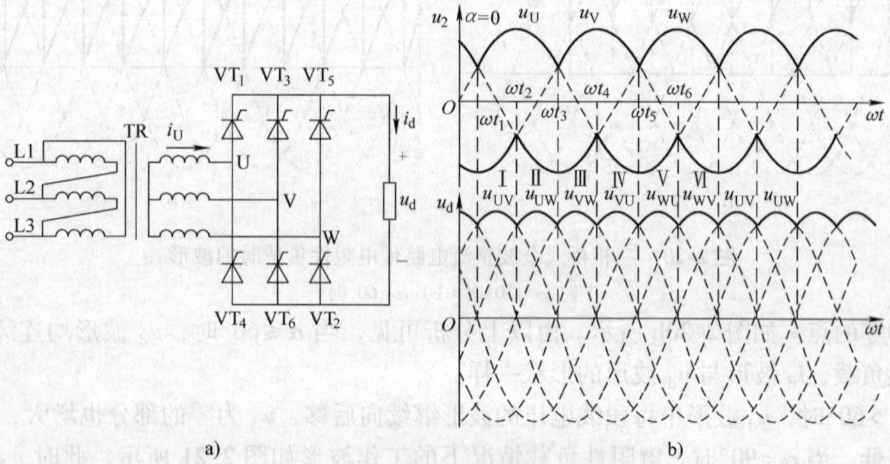

图 2-19　三相桥式全控整流电路（带电阻性负载）

a）电路图　b）$\alpha=0$ 时的波形

从触发延迟角 $\alpha=0$ 时的情况可以总结出三相桥式全控整流电路的一些特点如下：

1）每个时刻均需两个晶闸管同时导通，形成向负载供电的回路，其中一个晶闸管是共阴极组的，另一个是共阳极组的，且不能为同一相的晶闸管。

2）各晶闸管均在自然换相点处换相。

3）对触发脉冲的要求：六个晶闸管的脉冲按 $VT_1 \to VT_2 \to VT_3 \to VT_4 \to VT_5 \to VT_6$ 的顺序，相位依次差 60°；共阴极组 VT_1、VT_3、VT_5 的脉冲依次差 120°，共阳极组 VT_4、VT_6、VT_2 的脉冲也依次差 120°；同一相的上、下两个桥臂，即 VT_1 与 VT_4、VT_3 与 VT_6、VT_5 与 VT_2 脉冲相差 180°。

为确保电路的正常工作，对触发脉冲宽度有一定的要求，目前常用的是双脉冲触发。即用两个窄脉冲代替宽脉冲，两个窄脉冲的前沿相差 60°，脉冲宽度一般为 20° ~ 30°，称为双脉冲触发。

4）整流输出电压 u_d 在一个周期内脉动六次，每次脉动的波形都一样，故该电路为六脉冲整流电路。

当触发延迟角 α 改变时，电路的工作情况将发生变化。图 2-20a 给出了 $\alpha=30°$时的波形。从 ωt_1 开始把一个周期等分为六段，每段为 60°。与 $\alpha=0$ 时的情况相比，一周期中 u_d 波形仍由六段线电压构成，每一段导通晶闸管的规律也相同。区别在于，晶闸管起始导通时刻推迟了 30°，组成 u_d 的每一段线电压也因此推迟 30°，u_d 平均值降低。

α 增大，u_d 波形中每段线电压的波形继续向后移，u_d 平均值继续降低。$\alpha=60°$时，u_d

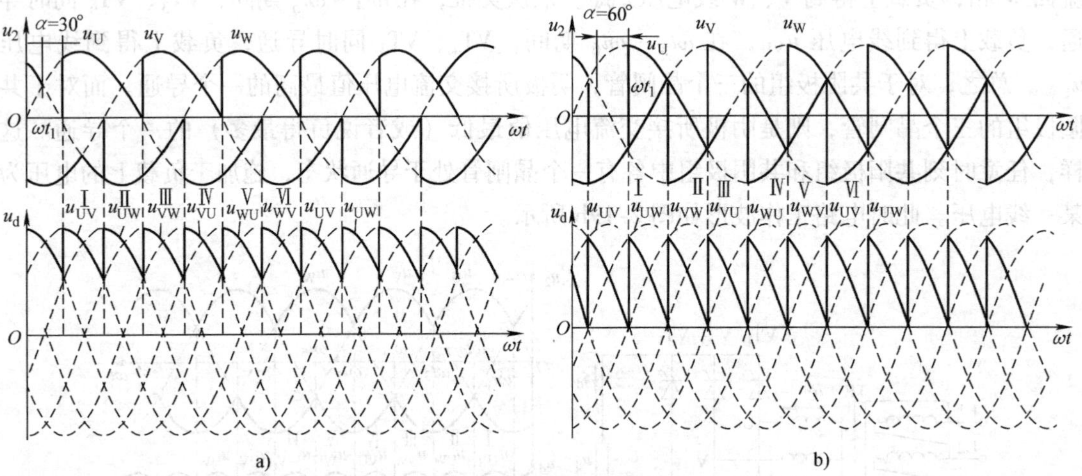

图 2-20　三相桥式全波整流电路带电阻性负载时的波形

a）$\alpha=30°$时　b）$\alpha=60°$时

出现了为零的点。如图 2-20b 所示。由以上分析可见，当 $\alpha\leqslant60°$时，u_d 波形均连续，由于是电阻性负载，i_d 波形与 u_d 波形的形状一样。

当 $\alpha>60°$时，u_d 波形中每段线电压的波形继续向后移，u_d 为零的部分也增大，u_d 平均值继续降低，当 $\alpha=90°$时，电阻性负载情况下的工作波形如图 2-21 所示，此时 u_d 波形每 60°中有 30°为零。i_d 波形与 u_d 波形一致，一旦 u_d 降至零，i_d 也降至零，流过晶闸管的电流即降至零，晶闸管关断，输出整流电压 u_d 为零，因此 u_d 波形不能出现负值。

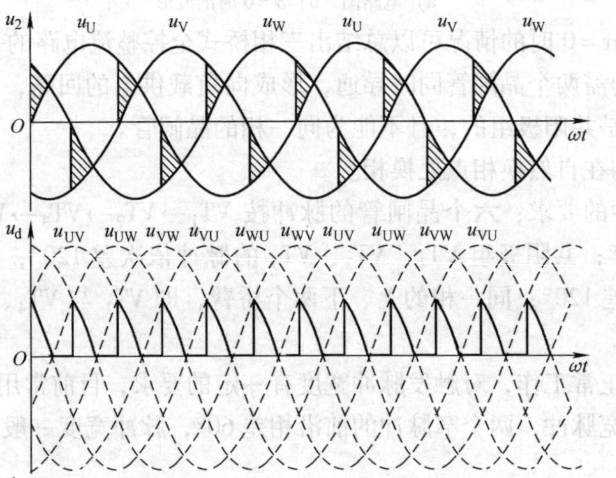

图 2-21　三相桥式全控整流电路带电阻性负载时 $\alpha=90°$的波形

如果继续增大至 120°，整流输出电压 u_d 波形将全为零，其平均值也为零。可见，**带电阻性负载时三相桥式全控整流触发延迟角的移相范围是 0 ~ 120°**。

对有关量的计算公式如下：

① 整流电压平均值为

$$U_{\mathrm{d}} = \frac{1}{\pi/3}\int_{(\pi/3)+\alpha}^{(2\pi/3)+\alpha}\sqrt{6}U_2\sin\omega t\mathrm{d}(\omega t) = (3\sqrt{6}/\pi)U_2\cos\alpha = 2.34U_2\cos\alpha \qquad (\alpha \leqslant 60°)$$

$$U_{\mathrm{d}} = \frac{1}{\pi/3}\int_{(\pi/3)+\alpha}^{\pi}\sqrt{6}U_2\sin\omega t\mathrm{d}(\omega t) = (3\sqrt{6}/\pi)U_2\left[1+\cos\left(\frac{\pi}{3}+\alpha\right)\right]$$

$$= 2.34U_2\left[1+\cos\left(\frac{\pi}{3}+\alpha\right)\right] \qquad (\alpha > 60°)$$

② 晶闸管承受的最大正、反向电压值为

$$U_{\mathrm{FM}} = U_{\mathrm{RM}} = \sqrt{6}U_2$$

2. 带阻感性负载的工作情况

三相桥式全控整流电路大多用于向阻感性负载供电，下面对这种情况作一基本分析。

三相桥式全控整流电路用于向阻感性负载供电时，当 $\alpha\leqslant60°$时，u_{d} 波形连续，电路的工作情况与带电阻性负载时相似，各晶闸管的通断情况、输出整流电压 u_{d} 波形等都一样。但由于负载不同，同样的输出电压得到的负载电流 i_{d} 波形不同。电阻性负载时 i_{d} 波形与 u_{d} 的波形形状一样；而阻感性负载时，由于电感的作用，使得负载电流波形变得平直，当电感足够大的时候，负载电流的波形可近似为一条水平线。图 2-22a、b 分别给出了三相桥式全控整流电路带阻感性负载时 $\alpha=0$、$\alpha=30°$的波形。

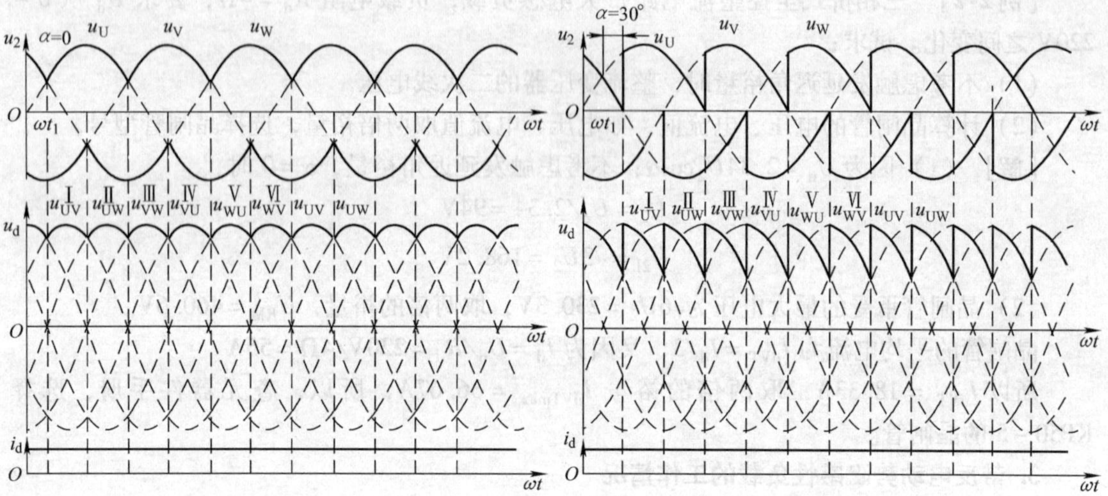

图 2-22　三相桥式全控整流电路带阻感性负载时的波形
a) $\alpha=0$　b) $\alpha=30°$

当 $\alpha>60°$时，由于电感 L 的作用，u_{d} 波形会出现负的部分。图 2-23 给出了 $\alpha=90°$时的波形。若电感值 L 足够大，u_{d} 中正、负面积将基本相等，u_{d} 平均值近似为零。**这表明带阻感性负载时，三相桥式全控整流电路的 α 移相范围为 0～90°**。

对有关量的计算公式如下：

① 整流电压平均值为 $U_{\mathrm{d}} = \frac{1}{\pi/3}\int_0^{\frac{\pi}{3}}\sqrt{6}U_2\sin\omega t\mathrm{d}(\omega t) = 2.34U_2\cos\alpha$。

② 负载电流平均值为 $I_{\mathrm{d}}=U_{\mathrm{d}}/R_{\mathrm{d}}$。

③ 每个晶闸管的电流平均值为 $I_{\mathrm{dVT}}=I_{\mathrm{d}}/3$。

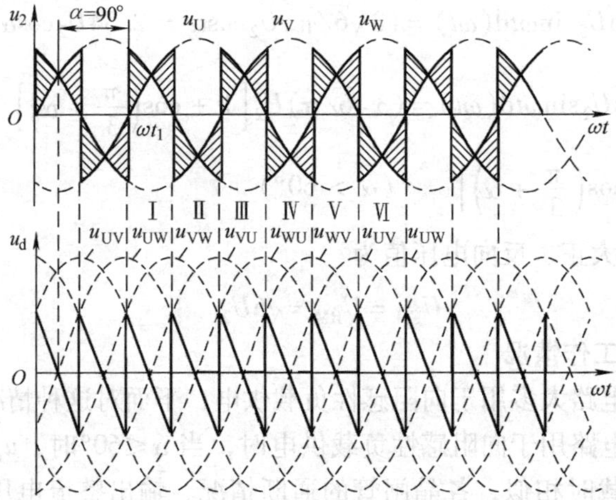

图 2-23 三相桥式全控整流电路带阻感性负载时 $\alpha=90°$ 的波形

④ 每个晶闸管的电流有效值为 $I_{VT}=I_d/\sqrt{3}$。

⑤ 晶闸管承受的最大正、反向电压值为 $U_{FM}=U_{RM}=\sqrt{6}U_2$。

[**例 2-2**] 三相桥式全控整流电路带大电感负载，负载电阻 $R_d=4\Omega$，要求 U_d 从 0 ~ 220V 之间变化。试求：

(1) 不考虑触发延迟角裕量时，整流变压器的二次线电压。

(2) 计算晶闸管的电压、电流值，如电压、电流值取两倍裕量，选择晶闸管型号。

[**解**] (1) 因为 $U_d=2.34U_2\cos\alpha$；不考虑触发延迟角裕量，$\alpha=0$ 时，

$$U_2=U_d/2.34=94\text{V}$$

$$U_{2l}=\sqrt{3}U_2=168.2\text{V}$$

(2) 晶闸管承受的最大电压为 $\sqrt{6}U_2=230.3\text{V}$，取两倍的裕量，$U_{RM}=460.6\text{V}$。

晶闸管的平均电流为 $I_{dVT}=I_d/3$，又因为 $I_d=U_d/R_d=220\text{V}/4\Omega=55\text{A}$

所以 $I_{dVT}=18.33\text{A}$，取两倍的裕量 $I_{dVTmax}=36.67\text{A}$，所以，查元器件手册，选择 KP50－5 的晶闸管。

3. 带反电动势阻感性负载的工作情况

三相桥式全控整流电路接反电动势阻感性负载，即向存在反电动势的阻感性负载供电，如用于直流电动机传动，若负载电感量足够大（足以使负载电流连续），电路的工作情况与带阻感性负载时的工作情况相似，电路中各处的电压、电流波形与带阻感性负载时基本相同。

输出电压平均值为 $U_d=2.34U_2\cos\alpha$。

因反电动势的作用，输出电流平均值为 $I_d=(U_d-E)/R$。

2.2.3 电容滤波的三相不可控整流电路

电容滤波的三相不可控整流电路是用途很广的一类电路，其最常用的是三相桥式结构。电路如图 2-24a 所示，波形如图 2-24b 所示。

1. 基本工作原理

该电路中，当某一对二极管导通时，输出直流电压等于交流侧线电压中最大的一个，该线电压既向电容供电，也向负载供电。当没有二极管导通时，由电容向负载放电，u_d 按指

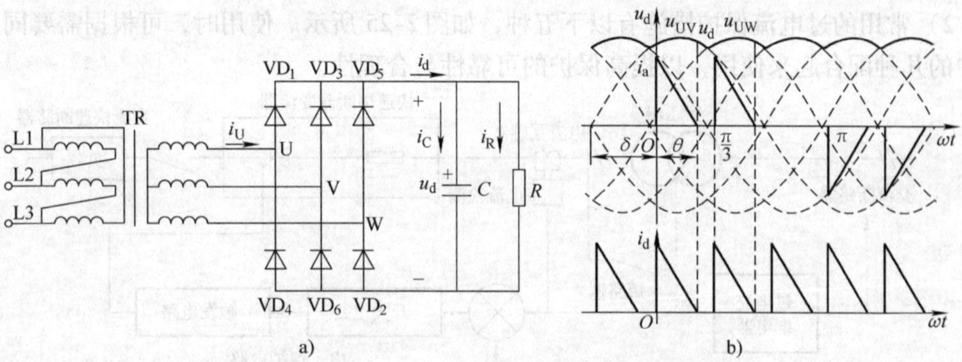

图 2-24　电容滤波的三相桥式不可控整流电路

a）电路　b）波形

数规律下降。当下一对二极管导通时，输出直流电压等于交流侧线电压中另一个成为最大的线电压，该线电压既向电容供电，也向负载供电。以上过程重复。

2. 主要数量关系

电容滤波的三相桥式不可控整流电路的有关量计算如下：

1）输出电压平均值。空载时，输出电压平均值最大为 $U_d=\sqrt{6}U_2=2.45U_2$。随着负载加重，输出电压平均值减小，其平均值为 $U_d=2.34U_2$。

可见，U_d 在 $2.34U_2\sim2.45U_2$ 之间变化。

与电容滤波的单相桥式不可控整流电路相比，这里 U_d 的变化范围小得多，当负载加大到一定程度后，U_d 就稳定在 $2.34U_2$。

2）输出电流平均值。输出电流平均值 I_R 为 $I_R=U_d/R$。与单相电路情况一样，电容电流 i_C 平均值为零，因此 $I_d=I_R$。

3）流过每一个二极管的电流平均值为 I_{VD}，$I_{VD}=I_d/3=I_R/3$。这是因为输出电流平均值 I_R 由三组二极管平均负担，因此，每组二极管流过的电流平均值为 I_d 的 1/3。

4）二极管承受的最大反向电压是线电压的峰值，为 $U_{RM}=\sqrt{6}U_2=2.45U_2$。

2.2.4　晶闸管的保护与容量扩展

1. 晶闸管的保护

由于晶闸管承受过电压和过电流的能力较差，短时间的过电压和过电流都有可能造成管子的损坏。所以在实际应用中，为保证电路安全正常地工作，除了合理选择晶闸管的额定值以外，还必须在电路中采取必要的保护措施。

（1）过电流的产生及保护　若通过晶闸管的电流超过了其正常工作时的最大电流，就称为过电流。过电流分过载和短路两种情况。

1）过电流产生的主要原因有：

① 晶闸管损坏或触发电路故障；

② 生产机械过载或直流侧短路；

③ 交流电源过高、过低或缺相；

④ 可逆系统中产生环流或有源逆变失败等。

过电流保护的任务就是当电路一旦出现过电流时，能在晶闸管尚未损坏之前，迅速地抑制过电流或快速切断电路，以达到保护晶闸管的目的。

2）常用的过电流保护措施有以下五种，如图2-25所示。使用时，可根据需要同时选择其中的几种配合起来使用，以提高保护的可靠性与合理性。

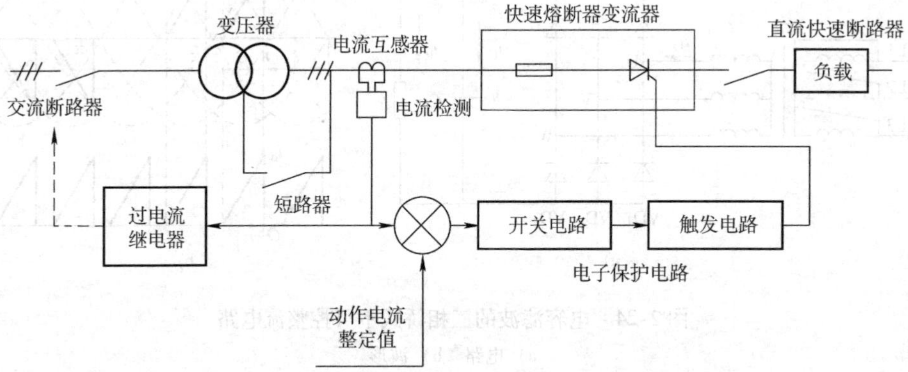

图2-25 常用的过电流保护措施

① 限流控制保护。可串联交流进线电抗或采用漏抗较大的整流变压器，来有效地限制过电流，但负载电流大时存在较大的交流压降。

② 电子电路保护。它一般由检测、比较和控制等环节组成。当出现过电流时，产生相应的控制信号来控制晶闸管的触发电路，使触发脉冲快速后移（触发延迟角 α 增大），主电路输出电压降低，负载电流迅速减小，达到限流保护的目的。

③ 快速熔断器保护。它是最有效、最常用的一种过电流保护措施。与普通熔断器比较，快速熔断器具有快速熔断的特性，熔断时间一般小于0.02s，可在晶闸管被损坏之前迅速切断短路电流，故适用于短路保护场合。快速熔断器的接法有三种，如图2-26所示，串联在桥臂、串联在交流侧以及串联在直流侧。其中，接入桥臂与晶闸管串联保护效果最好，但使用的熔断器较多。由于快速熔断器的价格较高且更换不方便，所以使用中必须与其他过电流保护措施配合使用，作为最后一道保护屏障。

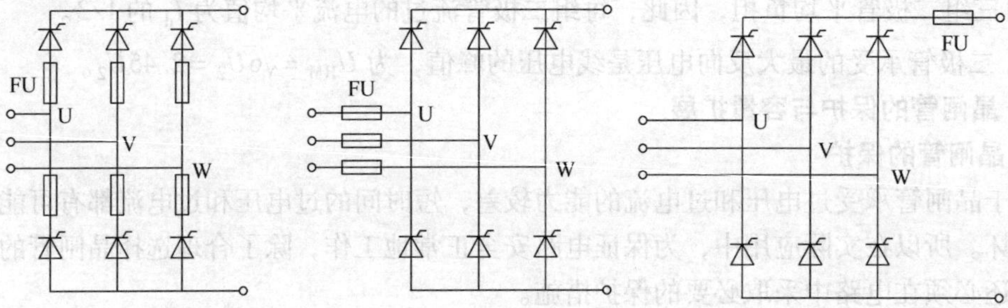

图2-26 快速熔断器的接法

a）串联在桥臂 b）串联在交流侧 c）串联在直流侧

④ 过电流继电器保护。过电流继电器可接在交流侧、也可接在直流侧，过电流时交流开关跳闸切断电源，实现过电流保护，但由于开关动作需几百毫秒，所以只适用于短路电流不大的场合。

⑤ 直流快速开关保护。直流快速断路器用于大容量、要求高的设备且经常容易出现短路的场合。其特点是动作时间快，只需2ms，全部断弧时间只要20~30ms，是一种较理想

的直流侧过电流保护装置，但由于其价格昂贵且结构复杂，实际使用不多。

对一些重要且易发生短路的晶闸管设备，或者工作频率较高、很难用快速熔断器保护的全控型器件，需要采用电子电路进行过电流保护。此外，常在全控型器件驱动电路中设置过电流保护环节。

（2）过电压的产生及保护　过电压是指超过晶闸管在正常工作时应承受的最大峰值电压。过电压保护的主要任务就是采取有效措施将频繁发生的操作过电压和偶然发生的浪涌过电压抑制在安全范围之内，以确保晶闸管不受过电压而损坏。

1）电力电子装置中可能发生的过电压分为外因过电压和内因过电压两类。

① 外因过电压：主要来自系统操作过程和雷击等外因。

操作过电压是由分闸、合闸等开关操作引起的过电压；雷击过电压是由雷击引起的过电压。

② 内因过电压：主要来自电力电子装置内部器件的开关过程。

换相过电压：晶闸管或与全控型器件反向并联的二极管在换相结束后，反向电流急剧减小，电感元件两端会感应出过电压。

关断过电压：全控型器件关断时，正向电流迅速降低而由电感元件两端感应出的过电压。

2）图2-27表示各种过电压保护措施及其配置位置，各电力电子装置可视具体情况采用其中的几种，以提高保护的可靠性与合理性。

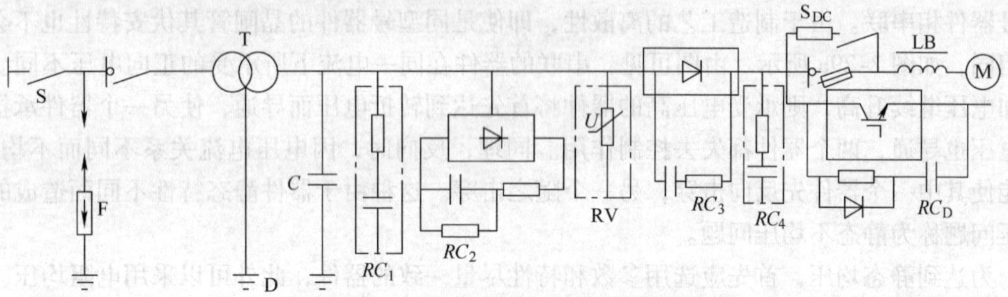

图2-27　过电压保护措施及其配置位置

F表示避雷器，D为变压器静电屏蔽层，C为静电感应过电压抑制电容，RC_1、RC_2为阀侧浪涌过电压抑制用RC电路（RC_2是反向阻断式RC电路），RV是压敏电阻过电压抑制器，RC_4为直流侧RC抑制电路。RC_3为阀器件换相过电压抑制用RC电路，S_{DC}是阀器件关断过电压抑制用RC电路。

避雷器保护：对于浪涌过电压或雷击过电压，通常采用阀型避雷器来进行保护。阀型避雷器由火花间隙及阀片电阻组成，阀片电阻的材料是特种碳化硅，当有雷电过电压时，火花间隙被击穿，阀片电阻下降，将雷电流引入大地。这就保护了电气设备免受雷电流的危害。正常情况下火花间隙不会被击穿，阀片电阻上升，阻止了正常交流电流通过。

阻容吸收保护：在抑制外因过电压的措施中，采用RC过电压抑制电路是最为常见的，其典型连接方式如图2-28所示。RC过电压抑制电路可接于供电变压器的两侧（通常供电网一侧称网侧，电力电子电路一侧称阀侧）或电力电子电路的直流侧。阻容吸收保护应用广泛、性能可靠，但体积较大，且在正常运行时电阻要消耗能量，特别是不能完全抑制能量较大的浪涌过电压。所以它只适用于峰值不高，过电压能量不大以及要求不高的场合。

压敏电阻保护：RV是压敏电阻过电压抑制器，正常工作时，压敏电阻的漏电流仅为微安级，故损耗很小。当出现尖峰过电压时，压敏电阻被击穿，可泄放数千安的放电电流，而其两端电压基本不变，类似于稳压管具有稳压特性，因此具有很强的抑制过电压能力。此外压敏电阻还有反应快、体积小、价格低等优点，是一种较理想的过电压保护元件，应用非常广泛。

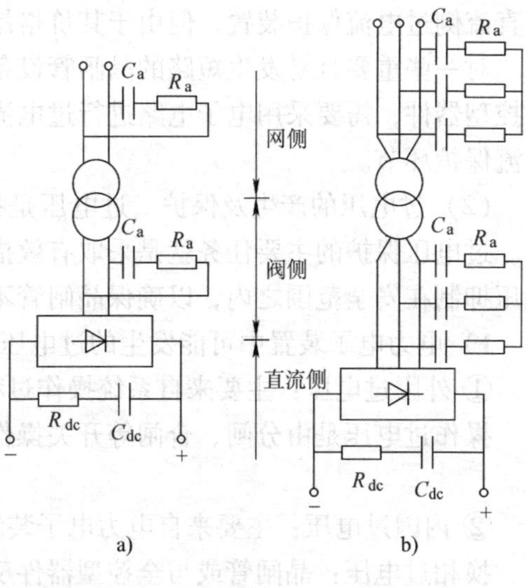

图2-28 *RC*过电压抑制电路连接方式

a）单相 b）三相

2. 晶闸管的容量扩展

当所用晶闸管的耐压和电流容量达不到实际设备要求时，需要考虑容量扩展，即将两个或两个以上晶闸管串、并联使用。由于各个器件之间在动、静态特性方面难免存在一定的差异，它们的串、并联组合在一起应用时，就会因这些差异导致某些器件的损坏。因此，需要采取一定的措施加以保护。

（1）晶闸管的串联与均压 当晶闸管的额定电压小于实际要求时，可以用两个以上同型号器件相串联。由于制造工艺的离散性，即使是同型号器件的晶闸管其伏安特性也不会完全相同，如图2-29a所示。由图可见，串联的器件在同一电流下所承受的正向电压不同。若外加电压继续升高，则承受电压高的器件将首先达到转折电压而导通，使另一个器件承担全部电压也导通，两个器件都失去控制作用。同理，反向时，因电压电流关系不同而不均压，可能使其中一个器件先反向击穿，另一个随之击穿。这种由于器件静态特性不同而造成的不均压问题称为静态不均压问题。

为达到静态均压，首先应选用参数和特性尽量一致的器件，此外可以采用电阻均压，如图2-29b中的RP。电路中每个晶闸管分担的电压决定于均压电阻器RP的分压。注意RP的选用阻值应比任何一个器件阻断时的正、反向电阻小得多，不然就起不到均压的作用。

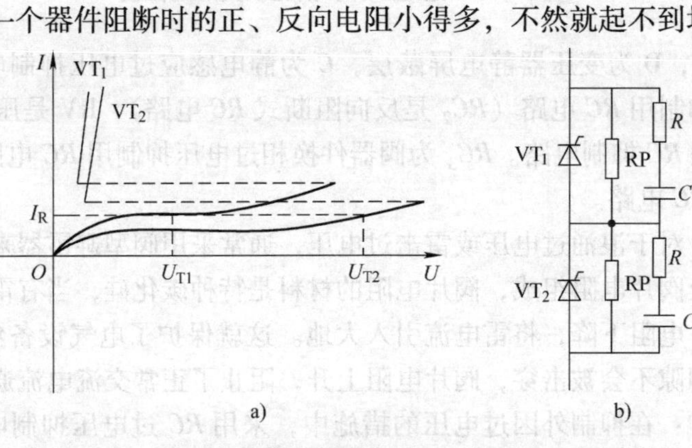

图2-29 晶闸管的串联

由于器件开关特性的差异造成的不均压问题称为动态不均压问题。为达到动态均压，同样首先应选择开关特性尽量一致的器件，另外，还可以用图2-29b所示*RC*并联支路作动态均压。

在晶闸管的串联使用中，虽然采取了均压措施，但不能保证绝对均压。因此在选择每只晶闸管的额定电压时还应留有充分的裕量。

（2）晶闸管的并联与均流　大功率晶闸管装置中，常用多个器件并联来承担较大的电流。当晶闸管并联时就会分别因静态和开关特性参数的差异而出现电流分配不均匀的问题。有的器件过载，有的电流不足，这对提高整个装置的输出不利，甚至损坏器件和装置。

均流的首要措施是挑选特性参数尽量一致的器件。此外，还可以采用均流电抗器。同样采用门极强脉冲触发也有助于动态均流。

在晶闸管的并联使用中，虽然采取了均流措施，但不能保证绝对均流。因此在选择每只晶闸管的额定电流时还应留有充分的裕量。

当需要同时串联和并联晶闸管时，通常采用先串后并的方法连接。

本章小结

1. 整流电路是电力电子电路中出现和应用最早的形式之一，本章讲述了整流电路及其相关的一些问题，是电力电子电路的重要组成部分，也是学习后面各章的一个重要基础。

整流电路主要分类方法有：按电路结构可分为半波、全波及桥式电路等多种；按组成的器件可分为不可控、半控、全控三种；按交流电源的相数分为单相和三相两种。

2. 对单相半波可控及单相全控整流电路，详细分析和研究了其电路结构、工作原理、一般定量计算等，不同负载对电路工作的影响是讨论问题的重点，并对单相桥式半控整流电路进行了讨论。

3. 晶闸管的导通控制信号由触发电路提供，本章重点对单结晶体管触发电路和集成触发电路作了介绍。单结晶体管触发电路结构简单、调节方便、输出脉冲前沿陡、抗干扰能力强。对于控制精度要求不高的小功率系统，可采用单结晶体管触发电路；对于大容量晶闸管一般采用集成触发电路。各类触发电路有其共同特点，它们一般由同步环节、移相环节、脉冲形成环节和功率放大输出环节组成。

4. 负载容量较大或要求直流电压脉动较小时，应采用三相整流供电。三相可控整流电路有三相半波、三相全波、三相桥式全控等多种，三相桥式全控整流电路是应用最为广泛的一种。本节以讨论三相半波可控整流电路为基础，然后讨论三相桥式全控整流电路。重点理解：三相桥式全控整流电路的电路形式、工作原理，各种负载下输出直流电压、电流的波形及对整流电路工作情况的影响，并了解主要变量间的数量关系。

5. 为了能正确使用晶闸管及其他电力电子器件，本章对晶闸管的选用、串、并联及过电压、过电流保护等有关知识作了基本介绍。

本章实训1　单相桥式半控整流电路

1. 实训目的

（1）结合晶闸管工作条件，掌握晶闸管的检测方法。

（2）训练组装单相桥式半控整流电路及调试单结晶体管触发电路的脉冲相位。

（3）使用触发脉冲的移相来控制整流电路的输出电压。

2. 相关知识

（1）晶闸管的结构及其开关特性。

（2）单结晶体管触发电路的工作原理。

3. 实训器材

（1）示波器1台。

（2）变压器（220V/12V）1台。

（3）万用表1只。

（4）触发电路板1块及电路元器件若干。

（5）整流主电路板1块及电路元器件若干。

4. 实训说明

整流电路中晶闸管来控制导通的时间和电流的路径，采用相控方式。单相桥式半控整流电路中由两个晶闸管控制导通时间，另两个不可控的硅整流管作为限定电流的路径，其直流输出电压平均值的表达式为

$$U_d = 0.9U_2(1+\cos\alpha)/2$$

为保证触发的晶闸管可靠导通，触发脉冲信号应有一定的宽度。一般晶闸管的导通时间为6μs，故触发脉冲的宽度就在此值之上，最好在20～50μs之间。单相晶闸管整流系统中常使用单结晶体管触发电路，该电路结构简单、调试容易，可用的移相范围小于150°，不附加放大环节，可触发50A以下的晶闸管。

单相桥式半控整流电路由于整流输出的直流电压中纹波系数较大（没有滤波、稳压单元），且接在电网的一相上，易造成电网负载不平衡，故一般只用于4kW以下的设备上。

5. 实训电路

如图2-30所示。

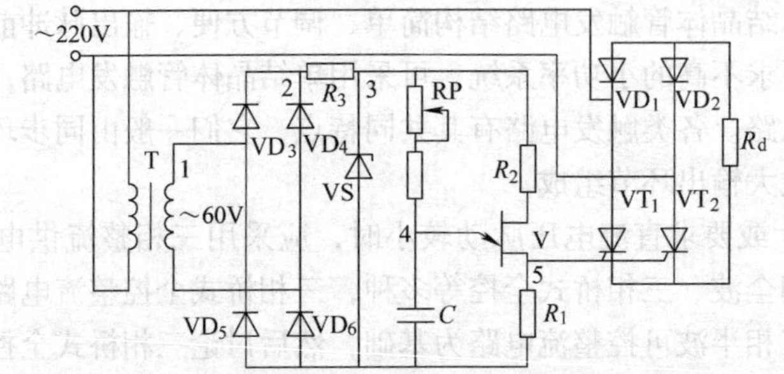

图2-30　实训电路

6. 实训内容及步骤

（1）用万用表检测晶闸管和单结晶体管　通过检测判断其好坏。

（2）触发电路的装配和调试

1）按触发电路图在电路板上装配好电路；

2）断开主电路，变压器接入电源，测试并记录1、2、3、4、5各点的波形；调节RP，观察并记录电容器两端输出波形的变化以及单结晶体管输出脉冲波形的移动情况（4、5两点），估算移相范围。

（3）电阻性负载电路　触发电路调试正常后接入主电路，主电路接入电阻性负载（100W，220V白炽灯或100Ω/1A滑线变阻器）并接通电源，调节RP，记录晶闸管两端电压 u_T、硅整流管两端电压 u_{VD}、负载两端电压 u_d 以及波形，改变触发延迟角的大小，测量

波形的变化。

（4）阻感性负载电路

1）记录并联续流二极管前后，不同触发延迟角 α 时 u_d 的波形。接上阻感性负载，用示波器测量并联续流二极管前后，不同触发延迟角 α 时 u_d 的波形。

2）续流二极管的作用：从输出电压 u_d 的波形分析续流二极管的作用；接续流二极管，当晶闸管导通时，断开触发电路的电源，观察晶闸管有无一管导通；不接入续流二极管，再观察输出变化的情况。

7. 注意事项

1）主电路和触发电路必须共地连接。

2）阻感性负载可以用直流电机的励磁绕组代替。

8. 实训报告要求

1）整理实训有关数据及电压、电流波形，得出相应结论。

2）将所得结果与理论值比较，分析误差原因。

3）说明主电路和触发电路的同步关系。

本章实训2　三相桥式全控整流电路与锯齿波同步触发电路

1. 实训目的

（1）熟悉三相桥式全控整流电路的电路连接和控制电路的结构。

（2）掌握同步定相的方法和调试晶闸管的步骤，学习锯齿波同步触发电路的调试与测量方法。

（3）了解带不同负载时三相桥式全控整流电路的输出波形和输出有关量的大小。

2. 相关知识

（1）三相桥式全控整流电路的工作原理及对触发脉冲的要求。

（2）三相变压器联结组标号的确定及接线方法。

（3）锯齿波同步触发电路及集成触发电路的工作原理。

3. 实训器材

（1）触发电路板（含电路装配板1块、KJ004 三片、KJ041 一片）1块。

（2）整流主电路板1块。

（3）双路稳压电源1台。

（4）单路稳压电源1台。

（5）双踪示波器1台。

（6）三相整流变压器（380V/110V）3台。

（7）直流电动机 Z2－22 1台。

（8）平波电抗器1台。

（9）直流电阻箱（100～200Ω）1只。

（10）直流电流表（30A）1只。

（11）直流电压表（300V）1只。

4. 实训说明

三相桥式全控整流电路具有负载平衡、输出的直流电压和直流电流脉动小，对电网影响

小以及控制滞后时间短等特点，广泛应用于各种负载容量较大的生产控制设备中。其输出表达式为

$$U_d = 2.34U_2\cos\alpha$$

由上式可见，改变 α 的大小，能改变整流供电电路的输出电压值，从而实现平滑调压；直流传动控制系统中普遍应用的整流供电电路都是这种电路。

集成触发电路体积小、功耗低、调试方便、触发信号稳定、工作可靠，适用于晶闸管拖动系统、整流供电装置等生产领域。它的脉冲移相范围小于 180°，为保证触发脉冲的对称度，要求交流电源电压波形畸变率小于 5%。本实训采用三片 KJ004 和一片 KJ041 构成标准的三相桥式全控整流电路的触发电路。

实训操作的关键是触发电路的定相，即选择同步电压信号的相位，保证触发脉冲相位正确。采用锯齿波同步的触发电路时，同步信号负半周的起点对应于锯齿波的起点，通常使锯齿波的上升段为 240°，上升段起始的 30°和终了的 30°线性度不好，舍去不用，使用的只是中间的 180°，锯齿波的中点与同步信号的 300°位置对应。

在应用中，使 $U_d = 0$ 的触发延迟角 α 为 90°，当 $\alpha < 90°$ 时为整流工作状态，$\alpha > 90°$ 时为逆变工作状态，将 $\alpha = 90°$ 确定为锯齿波的中点。如此，同步信号的 180°与 u_a 的 0°对应，VT_1 的同步电压滞后于 u_a 180°。其他五个晶闸管也具有同样的对应关系。

5. 实训电路

如图 2-31 所示。

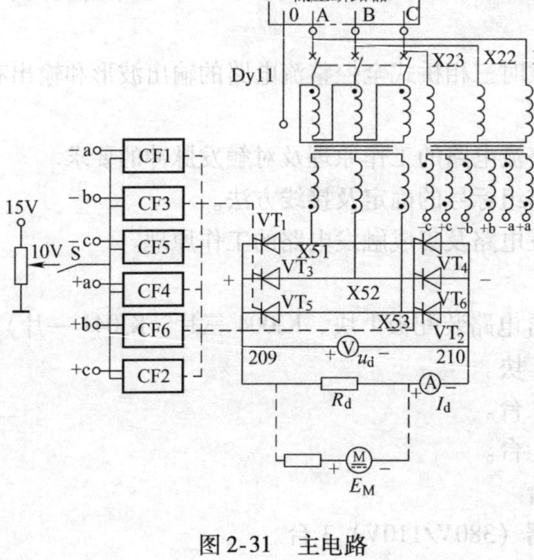

图 2-31 主电路

电路元器件清单：

$R_1 \sim R_3$（6.8kΩ），$R_4 \sim R_6$（12kΩ），$R_7 \sim R_9$（3.3kΩ），$R_{10} \sim R_{12}$（30kΩ），$R_{13} \sim R_{15}$（10kΩ），$R_{16} \sim R_{21}$（4.7kΩ），$RP_1 \sim RP_6$（2.2kΩ），$C_1 \sim C_3$（105pF），$C_4 \sim C_6$（2nF），$C_7 \sim C_9$（106pF），$VT_1 \sim VT_6$（9016），VD_1、VD_2（4004）。

6. 实训内容及步骤

（1）熟悉实训用仪器设备、标识和连接的各种端子

(2) 装配

1) 装配触发电路。按图 2-32 电路连接集成触发器电路，注意元器件布局合理，各集成电路的芯片插入方向及接线正确无误。

2) 装配主变压器及同步变压器。按图 2-33 连接三相整流变压器与三相同步变压器，主变压器接成 Dy11，同步变压器接成 Dy11 和 Dy5。

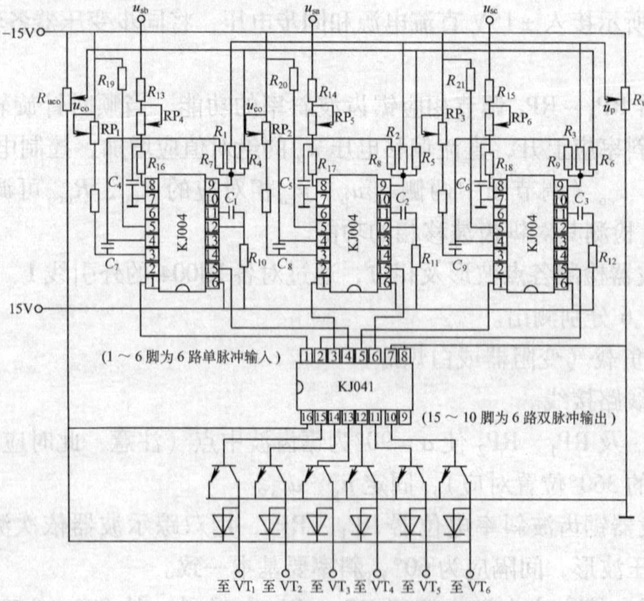

图 2-32 触发电路板

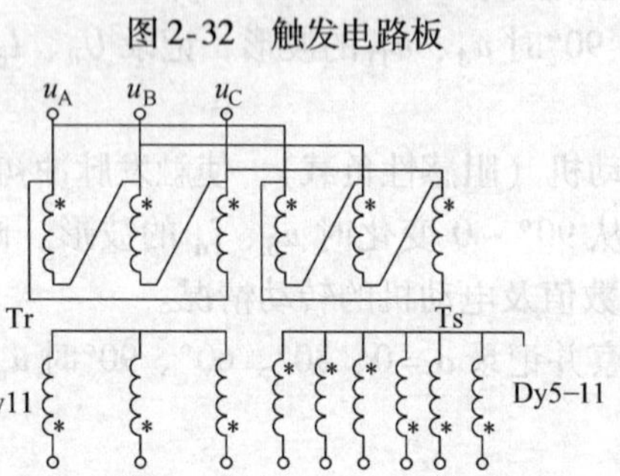

图 2-33 三相整流变压器与三相同步变压器接线图

3) 装配主电路板。按图 2-31 连接成主电路。

(3) 用双踪示波器校核相序、相位

1) 校核主变压器二次相电压是否按互差 120°的相序接入，以 A、B、C 标记三相。

2) 确定主变压器与同步变压器的极性，六个触发电路板的同步电压取法可参考下表：

组别						
晶闸管编号	VT_1	VT_2	VT_3	VT_4	VT_5	VT_6
晶闸管所接的相	U	V	W	U	V	W
同步电压标记	+a	+b	+c	−a	−b	−c

3）校核同步变压器的组别。同步变压器的组别为 Dy11 和 Dy5，以 +a、+b、+c、-a、-b、-c 标记各相线。

4）校核同步关系的正确性。主变压器二次中点与同步变压器的中点连接作为参考点，相电压 U_{ao} 超前 $+U_{bo}$30°、$-U_{bo}$210°。

（4）调试触发电路板

1）按图 2-32 所示接入 ±15V 直流电源和同步电压，将同步变压器各输出接入触发电路板相应端。

2）检测电位器 RP_4 ~ RP_6 调节相应锯齿波斜率的功能。当顺时针旋转 RP_4、RP_5、RP_6 时，相应的锯齿波斜率应上升，直流偏移电压 u_p 的绝对值应增加，控制电压 u_{co} 也应增加。

3）通过对 u_p、u_{co}（调节图中两侧与 u_p、u_{co} 相对应的 R_{up}、R_{uco} 可调电阻来实现）和 RP_1、RP_2 的调节，检测其对锯齿波移相的功能。

4）用双踪示波器检测各点波形及相位，通过对各 KJ004 的外引线 1、5 或 KJ041 的外引线 1、2、3、4、5、6 分别测出。

（5）带电阻性负载（变阻器或白炽灯）

1）按图 2-32 线路接线。

2）调节 u_P、u_{co} 及 RP_1、RP_2 使 $\alpha=90°$ 为锯齿波中点（注意：此时应有 $U_d=0$，锯齿波的中点与同步信号的 360°位置对应），固定 u_p、u_{co}。

3）调整各触发器锯齿波斜率电位器 RP_1 ~ RP_3，用双踪示波器依次测量相邻两块触发电路板的锯齿波电压波形，间隔应为 60°，斜率要基本一致。

4）检查无误后，接入主电路，调节 RP_1、RP_2，观测 α 从 90° ~0 变化时 u_d、i_d 的波形。画出 $\alpha=0$、30°、60°、90°时 u_d、u_{T1} 的波形，记录 U_d、I_d 的数据。

（6）带阻感性负载

1）将负载换成直流电动机（阻感性负载），使触发脉冲初始位置在 $\alpha=90°$。

2）调节 RP_1，观测 α 从 90° ~0 变化时 u_d、i_d 的波形。画出 $\alpha=30°$、60°、90°时 u_d、u_{T1} 的波形，记录 U_d、I_d 的数值及电动机的转动情况。

3）改变 9 脚电位，观察并记录 $\alpha=0$、30°、60°、90°时 u_d、i_d 与 u_{VT} 的波形及电动机的转动情况。

7. 注意事项

1）装配并连接好电路后，必须经指导教师检查认可，方可闭合电源开关。

2）本实训所使用的电源是 380V、50Hz 交流电，要注意人身安全，防止触电。

3）不论带电阻性负载或阻感性负载，在将负载接入主电路前，都应将 U_c 调零（9 脚电位调至零），实训过程中对电位器的调节要平滑。

8. 实训报告要求

1）整理实训有关数据及电压、电流波形，得出相应结论。

2）将所得结果与理论值比较，分析误差原因。

3）实训过程中是否出现异常现象？请分析产生异常的原因。

4）回答下列问题：

① 触发脉冲移相范围的大小与哪些元器件参数有关？

② 为保证触发脉冲的对称，要怎样减小电源电压的畸变率？

【思考与练习题】

2.1　什么是整流？什么是可控整流？

2.2　单相半波可控整流电路中，如果：(1) 晶闸管门极不加触发脉冲，(2) 晶闸管内部短路，(3) 晶闸管内部断开，试分析上述三种情况负载两端电压 u_d 和晶闸管两端电压 u_{VT} 的波形有何变化。

2.3　某单相桥式全控整流电路给电阻性负载和大电感负载供电，在流过负载的电流平均值相同的情况下，哪一种负载的晶闸管额定电流应选择大一些？

2.4　某带电阻性负载的单相桥式半控整流电路中，若其中一只晶闸管的阳、阴极之间被烧断，试画出整流二极管、晶闸管两端和负载电阻两端的电压波形。

2.5　相控整流电路带电阻性负载时，负载电阻上的 U_d 与 I_d 的乘积是否等于负载消耗的有功功率？为什么？带大电感负载时，负载电阻 R_d 上的 U_d 与 I_d 的乘积是否等于负载消耗的有功功率？为什么？

2.6　在单相桥式全控整流电路中，如果有一只晶闸管被烧成断路，该电路的工作情况将如何？如果有一只晶闸管被烧成短路，该电路的工作情况又会如何？

2.7　已知单相桥式全控整流电路中，$R_d=4\Omega$，要求 I_d 在 0 ~ 50A 之间变化，试选择晶闸管型号。(考虑两倍裕量)

2.8　简述对触发电路的基本要求。

2.9　单结晶体管触发电路中，削波稳压管两端如并联滤波电容，电路能否正常工作？为什么？

2.10　在三相半波整流电路中，如果 U 相的触发脉冲消失，试画出在带电阻性负载和阻感性负载时整流电压 U_d 的波形。(设 $\alpha=0$)

2.11　三相半波整流电路的共阴极接法与共阳极接法电路中，U、V 两相的自然换相点是同一点吗？如果不是，它们在相位上差多少度？

2.12　有两组三相半波可控整流电路，一组是共阴极接法，一组是共阳极接法，如果它们的触发延迟角都是 α，那么共阴极组的触发脉冲与共阳极组的触发脉冲对同一相来说，例如 U 相，在相位上差多少度？

2.13　三相半波可控整流电路，$U_2=100\text{V}$，带阻感性负载，$R=5\Omega$，L 值极大。当 $\alpha=60°$ 时，试计算 U_d、I_d、I_{dVT} 和 I_{VT}。

2.14　在三相桥式全控整流电路中，带电阻性负载，如果有一个晶闸管不能导通，此时的整流电压 U_d 波形如何？如果有一个晶闸管被击穿而短路，其他晶闸管受什么影响？

2.15　三相桥式全控整流电路，$U_2=100\text{V}$，带阻感性负载，$R=5\Omega$，L 值极大。当 $\alpha=60°$ 时，试计算 U_d、I_d、I_{dVT} 和 I_{VT}。

2.16　三相桥式全控整流电路带大电感负载，负载电阻 $R_d=5\Omega$，要求 U_d 从 0 ~ 200V 之间变化。试求：(1) 不考虑触发延迟角裕量时，整流变压器二次线电压。(2) 晶闸管电压、电流值，如电压、电流值取两倍裕量，选择晶闸管型号。

2.17　单相桥式全控整流电路、三相桥式全控整流电路中，当负载分别为电阻性负载或阻感性负载时，要求晶闸管的移相范围分别是多少？

2.18　晶闸管装置中不采用过电压、过电流保护，选用较高电压和电流等级的晶闸管行不行？

第 3 章　直流变换电路

3.1　直流斩波电路的工作原理

将某一定值电压变换成另一定值电压或可调电压的电路称为斩波电路，也叫斩波器。变换直流电压的称为直流斩波器，变换交流电压的称为交流斩波器。

直流斩波器普遍应用于直流牵引变速拖动中，例如无轨电车、地铁电车等。由蓄电池或不可控整流而来的直流电输入直流斩波器，经变压后输出给负载，所以直流斩波器被看作是一个直流调压器或直流变压器，而交流斩波器相当于一个理想的变压器或调压器。

3.1.1　斩波电路控制原理

斩波电路直流输出电压的调整，是通过控制电力电子开关器件的通断频率和一周期内的导通时间来实现的。图 3-1a 所示为直流斩波电路示意图。当开关 S 闭合时，负载两端的电压 $u_o=U$；当开关 S 断开时，负载两端电压 $u_o=0$。通过控制 S 的通断频率或一周期内的通断时间，即可使负载电压 u_o 在 $0\sim U$ 之间变化。

斩波电路主要有三种控制方式，调脉冲宽度方式、调脉冲频率方式及调频调宽方式。

1. 调脉冲宽度方式

选定斩波开关的通断频率，调整一周期内的导通时间。图 3-1b 所示为调脉冲宽度方式控制下的输出电压波形。开关的控制周期 $T=t_{on}+t_{off}$，t_{on} 为 S 闭合的时间，t_{off} 为 S 断开的时间，若定义一个周期中开关闭合的时间所占控制周期的比例 $Z=t_{on}/T$ 为斩波电路的占空比，则调节占空比，即可实现对输出电压的控制。在周期时间一定时，开关闭合时间越长，占空比越大，输出脉冲越宽，负载电压就越高。

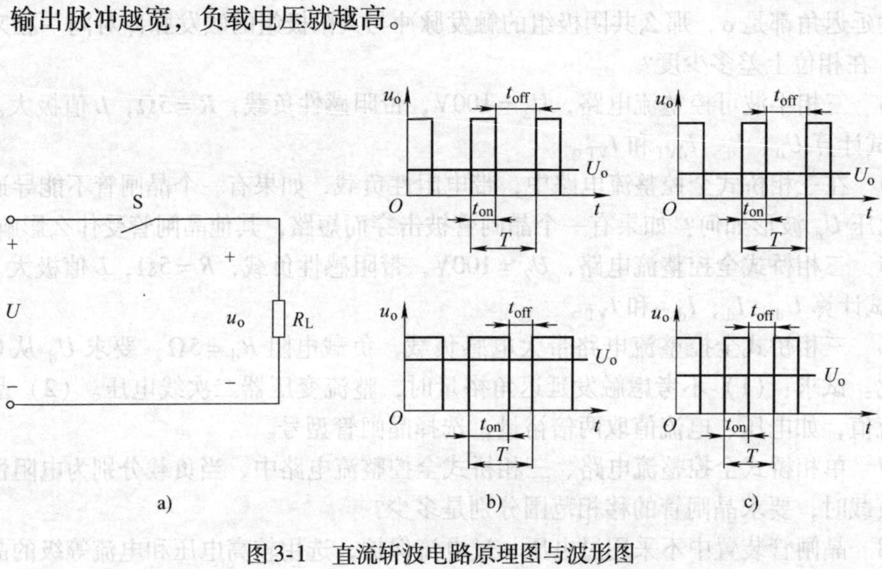

图 3-1　直流斩波电路原理图与波形图

a）直流斩波电路示意图　b）调脉冲宽度方式　c）调脉冲频率方式

2. 调脉冲频率方式

选定一个周期内的导通时间，调整斩波开关的通断频率。图 3-1c 所示为调脉冲频率方式控制下的输出电压波形。在输出脉冲宽度一定时，周期时间越短，占空比越大，负载电压越高。

3. 调频调宽方式

同时调整斩波开关的通断频率和一周期内的导通时间。

图 3-1a 中开关 S 是斩波电路中的关键器件。若采用普通晶闸管，由于其没有自关断能力，需设置使晶闸管关断的换相电路。若采用门极关断晶闸管或其他自关断电力电子器件构成的斩波器，省去了换相电路，这样就减少了电路的电能损耗，有利于提高斩波器的效率，使其应用更广泛。

3.1.2 基本直流斩波电路

常用的直流斩波电路有降压斩波电路（Buck 变换器）、升压斩波电路（Boost 变换器）、升降压式直流斩波电路（反极性斩波电路）、库克（Cuk）斩波电路、全桥式斩波电路等。下面分别介绍其基本电路的工作原理。分析时，假定构成斩波电路的为理想元器件，电感、电容很大，开关器件为理想开关特性，斩波电路没有电能损耗。

1. 降压斩波电路（Buck 变换器）

降压斩波电路是一种对输入电压进行降压变换的直流斩波电路。图 3-2a 所示电路图中，控制器件 VT 采用全控器件 IGBT，也可使用 GTR、MOSFET 等其他全控器件；为了在 VT 关断时给感性负载提供感应电流通路，电路中接有续流二极管 VD；电感 L 和电容 C 组成二级滤波器，使输出电压稳定。稳态时，电容 C 越大，C 两端电压越接近常数，电容器的平均电流为零，因而负载的平均电流等于电感中的平均电流。如果电感足够大，可使负载电流连续且脉动小。

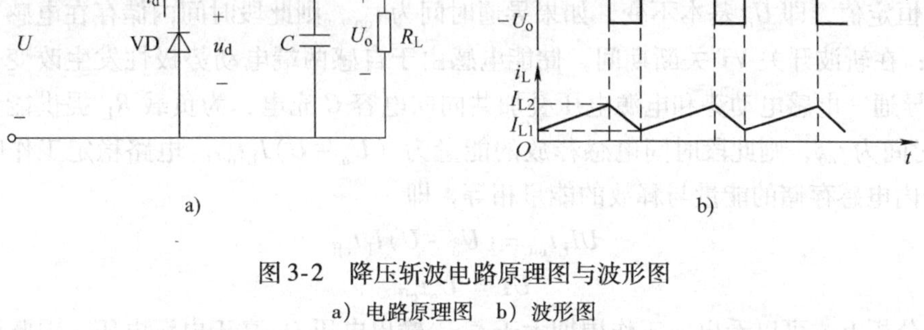

图 3-2　降压斩波电路原理图与波形图

a）电路原理图　b）波形图

在斩波开关 VT 导通期间，VD 截止，电源向负载供电，斩波器输出电压 $u_o=U$，负载电流 i_o 增大。当 VT 关断时，电感中存储的电能产生自感电动势，使 VD 导通，负载电流经二极管 VD 续流，电感向负载供电，储存的能量逐步消耗在 R_L 上，负载电压 u_o 趋近为零，

负载电流减小。下一个周期再重复上述过程，负载上即可得到电压改变的直流电，如图3-2b所示。斩波器输出电压的平均值为

$$U_o = t_{on}U/T = ZU$$

通常 t_{on}/T 在 0 ~ 1 之间，U_o 为 0 ~ U，因此称为降压斩波器。

当输入电压不变时，输出 U_o 随占空比 Z 的变化而变化，与电路其他元器件无关。降压斩波电路可看作是一个直流降压变压器，其电压比可通过控制斩波器的占空比 Z 连续调节。U 不变时的电流断续工作状态常用于直流电动机的速度控制。电流断续工作状态还可用在电源 U 发生变动的情况下保持输出 U_o 不变，该种方式在直流可调电源中应用较为广泛，其输出电压 U_o 可通过调整占空比 Z 使其维持不变。

2. 升压斩波电路（Boost 变换器）

图 3-3 所示是一种对输入电压进行升压变换的直流斩波电路。升压斩波电路与降压斩波电路最大的不同点是，斩波开关 VT 与负载并联，储能电容与负载串联。为了实现升压变换，在斩波开关 VT 与负载之间接有二极管 VD。

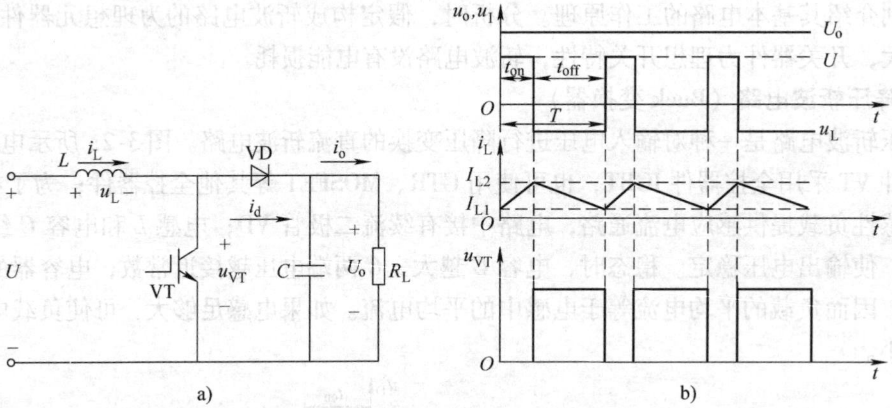

图 3-3　升压斩波电路原理图与波形图

a）电路原理图　b）波形图

工作中，当斩波开关 VT 导通时，直流电源向电感 L 储能，二极管 VD 承受反向电压截止，电感电流增大，此时 C 已经被充电，且 C 容量很大，向负载 R_L 放电，并基本保持负载电压为一恒定值，即 U_o 基本不变，如果导通时间为 t_{on}，则此段时间内储存在电感上的电能为 UI_Lt_{on}；在斩波开关 VT 关断期间，储能电感由于自感两端电动势极性发生改变，续流二极管 VD 导通，电感电动势和电源电压叠加共同向电容 C 充电，为负载 R_L 提供能量。如果 VT 关断时间为 t_{off}，则此段时间电感释放的能量为（$U_o - U$）I_Lt_{off}。电路稳定工作时，在每个周期 T 内电感存储的能量与释放的能量相等，即

$$UI_Lt_{on} = (U_o - U)I_Lt_{off}$$

则

$$UT = U_ot_{off}$$

通过分析上式可以看出，工作周期大于 t_{off}，输出电压 U_o 高于电源电压，因此该变换电路称为升压斩波电路。

3. 升降压式斩波电路（反极性斩波电路）

图 3-4 所示是一种对输入电压进行降压或升压变换的直流斩波电路。电路原理图如图

3-4a所示，此电路的特点是储能电容与负载并联，续流二极管 VD 反向串联在储能电感与负载之间。电感和电容视为理想元件，即电感电流和电容电压及负载电压基本不变。

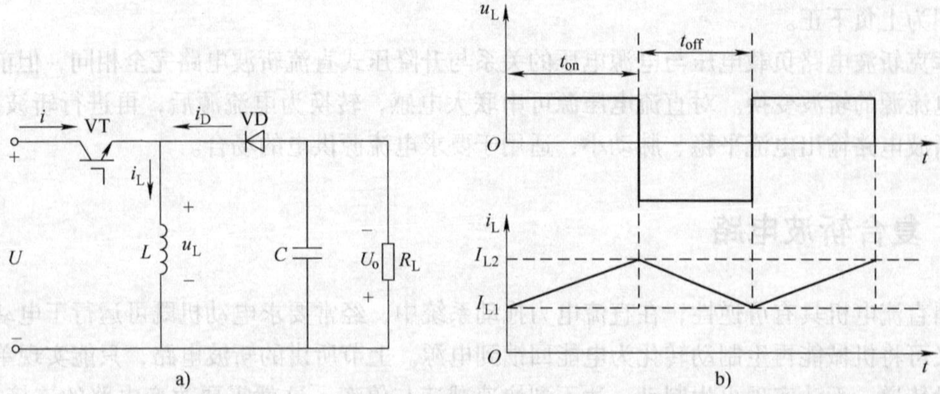

图 3-4 升降压式斩波电路原理图与波形图

a）电路原理图 b）波形图

当斩波开关 VT 导通时，直流电源经 VT 给电感 L 储存能量，此时二极管 VD 被负载电压和电感电压反偏，经过 VT 的电流为 I，方向如图 3-4a 所示，由于此时 VD 反偏截止，电容 C 向负载 R_L 提供能量并维持输出电压基本恒定，负载 R_L 及电容 C 上的电压极性为上负下正，与电源极性相反。当斩波开关 VT 关断时，电感 L 极性变反，VD 正偏导通，电感 L 中储存的能量通过 VD 向负载 R_L 释放，电流为 I_{L2}，同时电容 C 被充电储能。

4. 库克（Cuk）斩波电路

前面的变换电路都具有直流电压变换功能，但输出与输入都会有较大的波动，尤其是电流不能连续的情况下，输出、输入端的电流是脉动的。库克斩波电路作为升降压式斩波电路的改进电路，其电路原理图及波形图如图 3-5 所示。此电路的优点是直流输入电流和负载输出电流连续，脉动成分较小。电路利用电场储能元件——电容，实现能量的储存与传递，这种电路可获得稳定的输出电流。电路中的电感 L_1、L_2 用于形成电流源，电容 C_1 为储存和传递能量的储能元件，VD 为续流二极管。

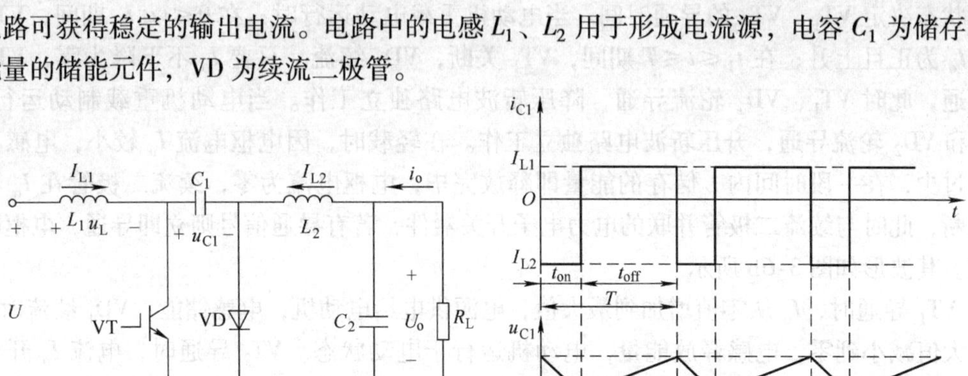

图 3-5 库克斩波电路原理图与波形图

a）电路原理图 b）波形图

当 VT 导通时，VD 截止，电源经 VT 向电感 L_1 储能，电容 C_1 通过 VT、L_2 向负载放电，将电场能量释放给负载，u_{C1}下降。当 VT 关断时，VD 导通，电源向 C_1 充电储存能量，u_{C1}上升；L_2 经 VD 向负载续流，将能量传递给负载。负载电压的极性与电源电压的极性相反，即为上负下正。

库克斩波电路负载电压与电源电压的关系与升降压式直流斩波电路完全相同，但前者可实现电流源的斩波变换。对直流电压源可串联大电感，转换为电流源后，再进行斩波电路。库克斩波电路输出电流平稳、脉动小，适用于要求电流源供电的场合。

3.2 复合斩波电路

因直流电机具有可逆性，在直流电力拖动系统中，经常要求电动机既可运行于电动机状态，又可将机械能再生制动转化为电能回馈到电源。上节所讲的斩波电路，只能实现单方向的能量传递，无法实现再生制动，达不到快速减速与停车。这就需要改变电路的连接方式，但在要求快速响应的系统中，显然不能满足要求，因此采用复合式斩波电路可快捷地实现电动状态与再生制动状态的转换。

3.2.1 电流可逆斩波电路

电流可逆斩波电路是将降压与升压斩波电路组合在一起构成的，其电路原理图如图 3-6a 所示。电路中，VT_1、VD_1 和 L 构成降压斩波电路，在工作中实现电动机调速功能，电能转换为机械能，即电动状态；VT_2、VD_2 和 L 构成升压斩波电路，机械能转换为电能送回电源，即再生制动状态。图中 L 为电枢回路两斩波电路共用的储能元件。

电动机的工作状态有起动、加速、匀速、减速及制动状态。当起动、加速、匀速时，即电动运行时，降压斩波电路工作，电动机的调速可通过调节 VT_1 的占空比实现；当减速或停车时，即再生制动运行时，可通过调节 VT_2 的占空比来实现电动机的制动调速，为避免轻载时出现电流断续现象，可采用降压与升压斩波电路配合的控制方式。在 $0 \leqslant t \leqslant t_1$ 期间，给 VT_1 加导通信号；在 $t_1 \leqslant t \leqslant T$ 期间，给 VT_2 加导通信号。在这种工作方式下，电动机的运行状态决定 VT_1、VT_2 的导通时间。当电动机重载电动运行时，在 $0 \leqslant t \leqslant t_1$ 期间，VT_1 导通，I_o 为正且上升；在 $t_1 \leqslant t \leqslant T$ 期间，VT_1 关断，VD_1 续流，只要 I_o 不下降为零，VT_2 不会导通，此时 VT_1、VD_1 轮流导通，降压斩波电路独立工作。当电动机重载制动运行时，VT_2 和 VD_2 轮流导通，升压斩波电路独立工作。在轻载时，因电枢电流 I_o 较小，电感积蓄能量过少，在一段时间内 L 储存的能量即释放完毕，电枢电流为零，续流二极管在 I_o 过零时关断，此时与续流二极管并联的电力电子开关器件，若有导通信号则立即导通，电枢电流反向。其波形如图 3-6b 所示。

VT_1 导通时，I_o 从零值增加到最大值，电源供电给电动机，电感储能；VD_1 续流时，I_o 从最大值减小到零，电感释放能量，电动机运行于电动状态。VT_2 导通时，电流 I_o 开始反向从零增加到最大值，电动机处于再生制动状态，电感积蓄能量；VD 续流时，电流值由负最大值减小到零，电感所储存的能量回馈给电源。

上述这种控制方法，在一个周期内可保证电动机同时工作于电动和再生制动两种状态，电枢电流正、负交变，电流连续变化，电路响应比较快。

3.2.2 桥式可逆斩波电路

上述的电流可逆斩波电路虽然可使电动机工作于电动和再生制动的可逆状态，实现电动

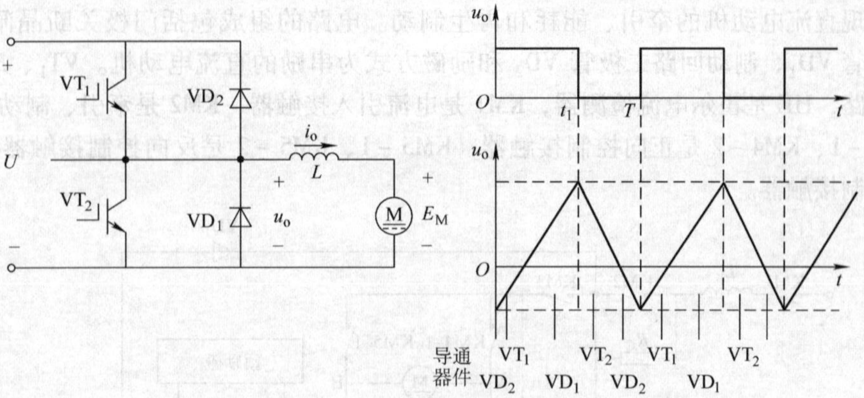

a)　　b)

图 3-6　电流可逆斩波电路原理图与波形图

a）电路原理图　b）波形图

机在两个象限内运行，但其电压的极性是单方向的，如果需要电动机既可以正、反转又可以运行于电动和再生制动状态，实现四个象限内运行时，则可采用图 3-7 所示的桥式可逆斩波电路。实际上此电路是由两个电流可逆斩波电路组成的，可分别向电动机提供正、反向电压，实现电动机在双向上的电动和再生制动。

此电路中，当 VT_4 处于导通状态、VT_3 处于阻断状态时，等效电路为图 3-7 所示的桥式可逆斩波电路。它向电动机提供正向电压，电流方向如图 3-7 中所示。此时由 VT_1、VD_1、VT_2、VD_2 实现对电动机的正转电动和再生制动调速运行的控制，工作状态与电流可逆斩波电路相同，电动机工作于第一、二象限。其中 VT_1、VD_1、L 构成降压斩波电路，向电动机供电，使其工作于第一象限正转电动状态；VT_2、VD_2、L 构成升压斩波电路，使电动机工作于第二象限再生制动状态。

当 VT_2 处于导通状态、VT_1 处于阻断状态时，可等效为另一电流可逆斩波电路，向电动机提供反向电压，电流与图 3-7 中所示相反。此时，对 VT_3、VD_3、VT_4、VD_4 进行控制，可实现电动机的反转电动和再生制动调速运行，使电动机工作于第三、四象限。其中 VT_3、VD_3、L 构成降压斩波电路，向电动机供电，使其工作在反转制动状态；VT_4、VD_4、L 构成升压斩波电路，使电动机工作于第四象限的反向再生制动状态。

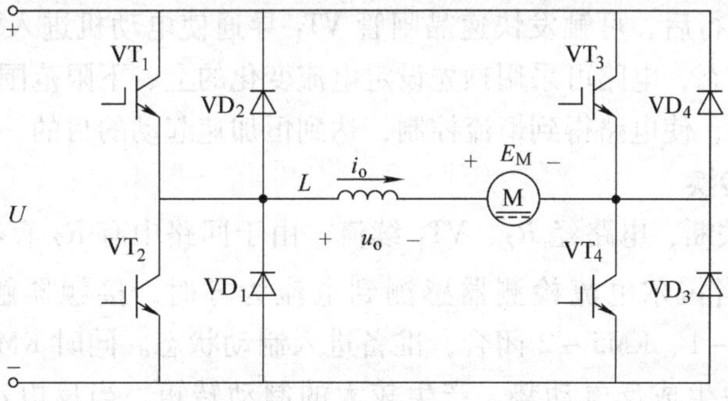

图 3-7　桥式可逆斩波电路

3.2.3　直流斩波应用电路

图 3-8 为采用门极关断晶闸管 GTO 的斩波调速系统主电路。此电路可用于城市无轨电

车，能实现直流电动机的牵引、能耗和再生制动。电路的组成包括门极关断晶闸管 GTO、续流二极管 VD_1、制动回路二极管 VD_2 和励磁方式为串励的直流电动机。VT_1、R_Z 构成能耗制动回路，HE 是霍尔电流检测器，KM1 是电流引入接触器，KM2 是牵引、制动转换接触器，KM4－1、KM4－2 是正向控制接触器，KM5－1、KM5－2 是反向控制接触器，KM6 是预励磁控制接触器。

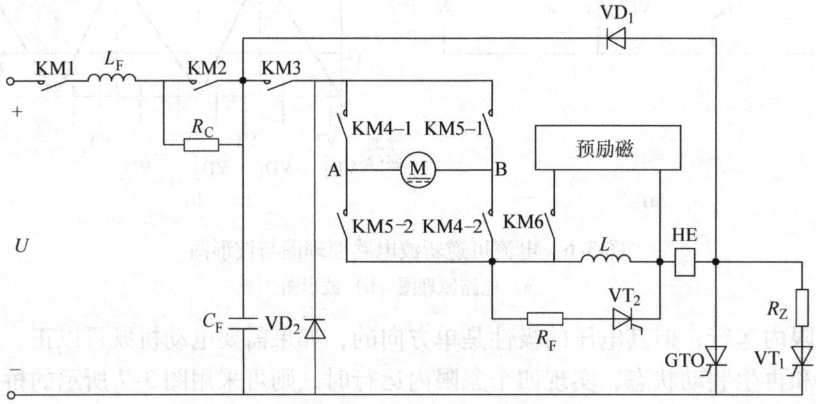

图 3-8　采用 GTO 的斩波调速系统主电路

1. 牵引运行

电动机牵引时，直流接触器触点 KM1、KM2、KM3、KM4－1、KM4－2 闭合，电动机牵引回路通路，等待门极关断晶闸管 GTO 导通后，电源向电动机供电，其导通回路为：电源正极→KM1→L_F→KM2→KM3→KM4－1→电动机 M→KM4－2→电动机励磁绕组 L→霍尔电流检测器 HE→晶闸管 GTO→电源负极。当晶闸管 GTO 关断时，电动机电路经 VD_1 续流，其回路为：电动机 B 端→KM4－2→电动机励磁绕组 L→霍尔电流检测器 HE→续流二极管 VD_1→KM3→KM4－1→电动机 A 端。这样在直流电动机两端可得到一个脉动的直流电压，其平均值 U_M 与电源电压 U 的关系为

$$U_M = ZU$$

由此式可得，调节斩波器的占空比 Z，即可改变电动机的工作电压大小，从而达到调速的目的。

当电动机全压运行后，可触发快速晶闸管 VT_1 导通使电动机进入弱磁运行状态。为了获得恒加速的起动状态，电路可采用预先设定电流变化的上、下限范围，通过斩波器件的导通、关断时间的控制，使电路得到恒流控制，达到恒加速起动的目的。

2. 牵引—制动转换

首先控制 GTO 关断，电路经 R_Z、VT_1 续流，由于回路中有 R_Z 存在，电动机中的电枢电流快速降为零。当霍尔电流检测器感测到电流为零时，接触器触点 KM3、KM4－1、KM4－2 断开，KM5－1、KM5－2 闭合，准备进入制动状态。同时 KM6 触点闭合，预励磁电路投入工作，很快生成反电动势，产生较大的制动转矩。当反电动势产生之后，控制 KM6 触点断开，使预励磁装置停止工作状态。

3. 电气制动

根据电源电压情况和负载情况的不同，电路可以实现能耗制动和再生制动。当电源无其

他负载时，采用再生制动，其产生的制动电流会使电容 C_F 端电压上升，为避免电路系统工作于过电压状况，需将再生制动方式转变成能耗制动方式。当电源电压的波动状态恢复正常时，又马上从能耗制动状态自动切换为再生制动状态。由于门极关断晶闸管 GTO 全控和快速的特性，整个制动状态的转换在一个斩波周期内就可完成，所以系统的稳定性和可靠性大大地增强了。下面介绍两种制动的状态。

（1）再生制动　当 GTO 导通时，导通回路为：电动机 A 端→KM5－2→L→HE→GTO→VD_2→KM5－1→电动机 B 端，此时电流逐渐下降，C_F 端电压不断上升。电动机向电源反馈能量，实现了再生制动。

（2）能耗制动　使 GTO 关断，同时使快速晶闸管 VT_1 导通，GTO 导通的这部分电路由 R_Z 和 VT_1 代替，R_Z 消耗能量，通路的电流迅速下降，实现了能耗制动。

调节 GTO 的导通时间，可保证足够大的制动转矩。

本章小结

本章主要介绍了基本的斩波电路、几种直流斩波电路工作原理、常用的直流斩波电路工作过程和直流斩波电路的实际应用问题。

1. 将某一定值电压变换成另一定值电压或可调电压的电路称为斩波电路，也叫斩波器。变换直流电压的称为直流斩波器，变换交流电压的称为交流斩波器。直流斩波器被看作是一个直流调压器或直流变压器，而交流斩波器相当于一个理想的变压器或调压器。

2. 斩波电路直流输出电压的调整，是通过控制电力电子开关器件的通断频率和一周期内的导通时间（占空比）来实现的。控制方式有调脉冲宽度方式、调脉冲频率方式、调频调宽方式三种。

3. 直流斩波电路有降压斩波电路、升压斩波电路、升降压式斩波电路和库克斩波电路等，前三者可得到稳定的输出电压，而库克斩波电路可得到稳定的输出电流，实现电流源的斩波变换，适用于要求电流源供电的场合。

4. 复合式直流斩波电路是将升压斩波电路和降压斩波电路结合在一起构成的，能实现两个象限或四个象限的运行。在直流电力拖动系统中，复合式直流斩波电路的作用是方便、快速地实现直流电动机的正、反转和再生制动运行状态的转换，对节约电能有重要意义。

【思考与练习题】

3.1　什么是斩波电路？按控制电流种类的不同分哪两种？

3.2　直流斩波器按周期和频率是否变化有哪几种控制方式？各有什么特点？

3.3　斩波开关器件的损耗大小同哪些因素有关？

3.4　简述降压直流斩波电路的特点。

3.5　简述升压直流斩波电路的特点。

3.6　简述升降压式斩波电路的特点。

3.7　简述库克斩波电路的特点。

3.8　为了防止电流可逆复合斩波电路在轻载时出现电流断续现象，需如何控制电路？

3.9　简述电流可逆斩波电路和桥式可逆斩波电路的区别。

第4章　逆变电路

在生产生活中，有时需要把交流电变换成直流电，即整流过程为交流电—整流器—直流电—用电器；有时还需要将直流电变换成交流电，这个整流的逆向过程称为逆变，过程为直流电—逆变器—交流电网或用电器，完成这一变换任务的电路称为逆变电路。如果整流器和逆变器是用晶闸管组成的，就称为晶闸管整流器或晶闸管逆变器。对于同一晶闸管的变换电流电路，可以根据不同的条件相互转化整流和逆变两种不同的工作状态，通常把这样一套电路称为变流电路，具有这样电路的装置叫做晶闸管变流器或晶闸管变流装置。

按交流侧所接电路的不同逆变电路可分为两类：一类是将逆变电路的交流侧接在交流电网上，直流电逆变成与电网同频率的交流电反送至电网，叫做有源逆变；另一类是将电路的交流侧直接与用电器连接，将直流电逆变成为某一频率或频率可调的交流电供给用电器使用，叫做无源逆变。

4.1 有源逆变电路

有源逆变在生产实践中应用比较广泛，除应用于直流电动机的可逆调速系统外，还应用于交流绕线转子异步电动机的串级调速和高压直流输电等方面。本节先从直流发电机—直流电动机系统入手，研究它们之间的电能转化关系，再进入到变流器中分析交流和直流之间的电能传递，掌握实现整流和逆变的转化规律。

4.1.1　有源逆变的工作原理

1. 发电机—电动机的功率传输

首先我们来分析功率的传输情况，以加深对逆变概念的理解。下面以图4-1所示的直流发电机—直流电动机系统之间电能的传输为例来分析。图中G为直流发电机，M为直流电动机，R为电路的等效总电阻，E_G为发电机电动势，E_M为电动机电动势。

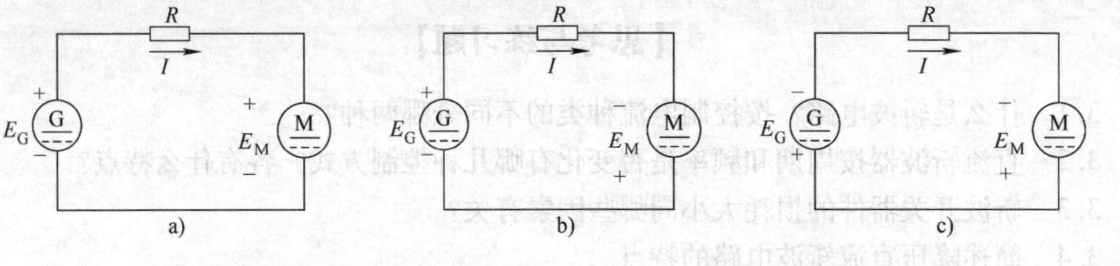

图4-1　直流发电机—直流电动机系统之间电能的传输

a）两电动势方向相反 $E_G > E_M$　b）两电动势方向相同　c）两电动势方向相反 $E_G < E_M$

在图4-1a中，两电动势极性相反，且$E_G > E_M$，产生的电流为图4-1a中的I，与E_G方向相同，与E_M方向相反，此时

$$I = (E_G - E_M)/R$$

功率平衡方程为

$$P_G = P_R + P_M$$

$$E_G I = RI^2 + E_M I$$

这里 $E_G I$ 为发电机的输出功率，$E_M I$ 为电动机吸收的功率，RI^2 为热能损耗，电能由发电机 G 传输至电动机 M，在 M 上又转化成机械能。

在图 4-1c 中，两电动势极性还相反，但 $E_G < E_M$，则产生电流 I 方向与 E_M 相同，与 E_G 相反，此时

$$I = (E_M - E_G)/R$$

功率平衡方程为

$$P_M = P_G + P_R$$

$$E_M I = E_G I + RI^2$$

$E_M I$ 为电动机 M 的输出功率，$E_G I$ 为发电机 G 吸收的功率，RI^2 仍为热能损耗，电能由电动机 M 传输至发电机 G。

在图 4-1b 中，两电动势顺向串联均输出功率，此时

$$I = (E_M + E_G)/R$$

由于 R 一般比较小，则电路近似为短路状态，在工作中必须避免此情况发生。

从以上分析可看出，对于具有电动势的电路元器件，是输出功率还是输入功率，要根据电路的电流方向是否和电动势方向一致而定。电动势方向与电流方向一致时，则输出功率，不一致时则输入功率。换种说法是，电源的电流从正极流出是输出功率，电源的电流从正极流入是输入功率。但是在使用晶闸管的电路中，因晶闸管具有单向导电性，电流只能单方向通过晶闸管，要想改变功率传输方向，无法通过改变电流方向的方法来实现，而只有通过改变电动势的极性来改变功率的传输方向。

2. 逆变功率的传输

图 4-2a 为由提供交流电的电源和直流电动机组成的，并由晶闸管来控制的变流电路。在图 4-2a 中，电流 I 的方向与变压器二次侧的电动势 e_2 方向一致，而与直流电动机 M 的电动势 E_M 方向相反，因此功率的传输方向是由变压器从电网系统得到交流电能经晶闸管变换为直流电能后输送给电动机，电动机吸收功率，电路处于整流状态。

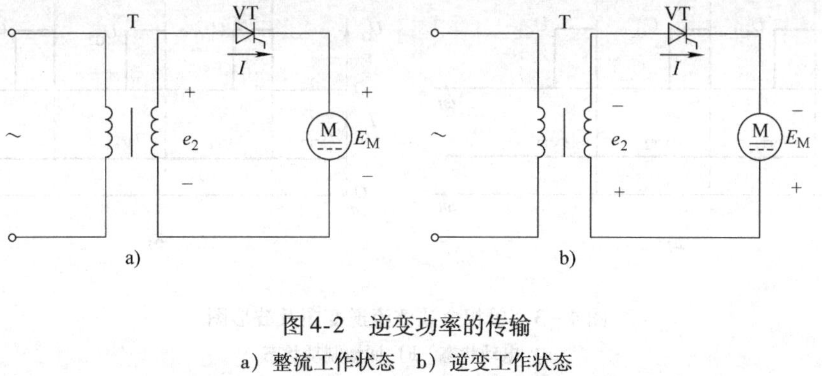

图 4-2 逆变功率的传输

a）整流工作状态 b）逆变工作状态

要改变功率在电路中的传输方向，把整流状态变为逆变状态，就必须改变直流电动机电动势的极性，同时在交流电动势 e_2 的负半周让晶闸管导通，E_M 大于交流电动势，如图 4-2b所示。此时电流 I 的方向不变，而两个电动势方向均改变，E_M 的方向与 I 方向相同，e_2

的方向与 I 方向相反。此时通过晶闸管的作用将直流电能变成交流电能回馈给电网，电动机输出功率，而变压器输入功率，电动机工作于发电机状态，变压器 e_2 成为反电动势。

3. 有源逆变的工作原理

以单相全波晶闸管电路代替上述的发电机，给电动机供电，分析此电路的电能传输情况。该电路一般应用于直流卷扬机。

图 4-3 所示为单相全波整流逆变图及波形图。先分析图 4-3a，直流电动机处于电动状态，对于卷扬机即运行于提升重物状态，全波电路工作于整流状态，晶闸管的触发延迟角 α 在 $0 \sim \pi/2$ 之间，直流侧输出电压 U_d 为正值，方向上正下负，电动机的反电动势 E_M 也上正下负，且 $U_d > E_M$，输出电流为 I_d，为了保证变流回路中电流连续，负载回路串入了数值较大的电感，直流回路等效总电阻为 R，则

$$I_d = (U_d - E_M)/R$$

一般情况下，R 值很小，因此电路工作在 $U_d \approx E_M$ 的条件下，交流电网通过晶闸管输出电能，直流电动机输入电能，卷扬机处于电动状态，提升重物。

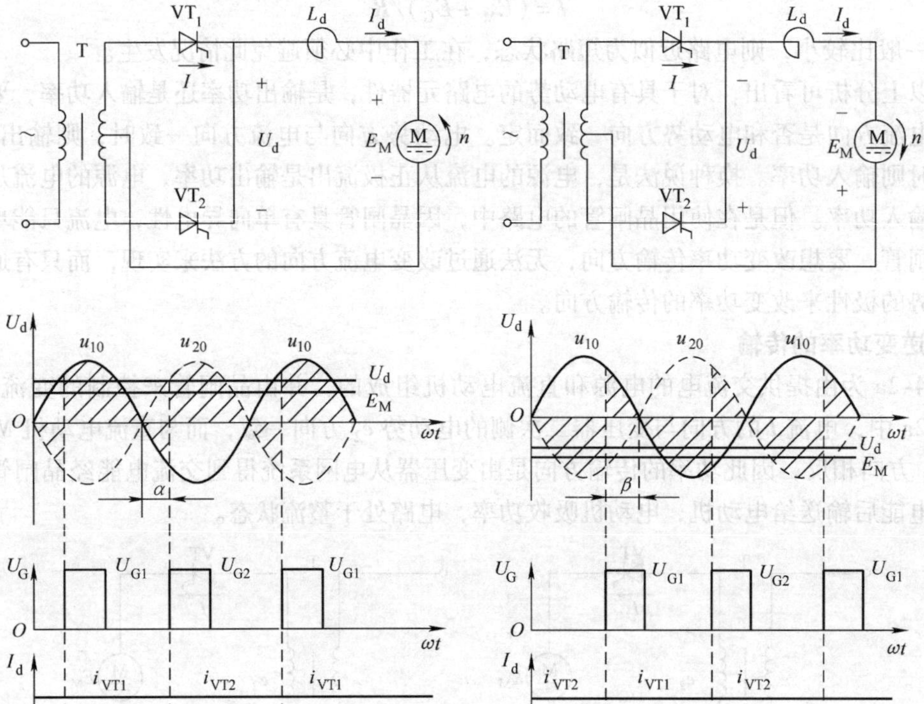

图 4-3 单相全波整流逆变图及波形图

a) 电动状态 b) 回馈制动状态

与图 4-3a 比较而言，图 4-3b 所示为卷扬机放下重物时的回馈制动状态。在重物作用下反向加速旋转，调节晶闸管触发延迟角 α 在 $\pi/2 \sim \pi$ 之间，变流器处于逆变工作状态，直流电动机 M 作发电机运行于回馈制动状态，此时产生的电动势下正上负。当直流电动机加

速到一定转速时，直流电动机产生的电动势 E_M 在数值上大于电源电压 U_d。虽然晶闸管阳极电位大部分处于交流电压为负的半周期，但由于外接直流电动势 E_M 的存在，且 $U_d < E_M$，所以晶闸管仍能承受正向电压导通。

逆变时，U_d 和 E_M 的极性都改变，通过晶闸管的电流 I_d 方向不变，电动机电磁转矩方向也不变，重物受重力作用使电动机转向与提升时相反，所以电动机电磁转矩变成了制动转矩，当电动机的制动转矩与重物的驱动转矩相平衡时，重物匀速下降，电动机工作于回馈制动状态。

逆变时，U_d 为负值，α 在 $\pi/2 \sim \pi$ 之间变化，调节 α 即可改变 U_d 的大小，E_M 的大小取决于电动机的转速。改变 α，则 U_d 改变，I_d 也改变，所以 α 在 $\pi/2 \sim \pi$ 之间调节时，就可以方便地调节重物下放的速度。在这里引入逆变角 β，$\beta = \alpha \sim 2\pi$。逆变角为 β 时的触发脉冲可从 $\alpha = \pi$ 时刻前移 β 来确定。

电路内电能的流向与整流时相反，电动机输出功率，电网吸收功率。电动机轴上输入的机械功率越大，则逆变的功率也越大，为防止过电流，同样应满足 $U_d \approx E_M$。

从以上分析中可知，有源逆变必须同时具备的条件有两个：

1）变流器的直流侧必须有一个直流电动势源，其极性与晶闸管导通方向一致，且直流电动势值应稍大于变流器直流侧的平均电压 U_d。

2）要求晶闸管工作于 $\pi/2 \sim \pi$ 之间，即 α 在 $\pi/2 \sim \pi$ 之间，β 在 $0 \sim \pi/2$ 之间，使 U_d 为负值。

由以上条件可知，实现有源逆变只能采用全控电路，不能采用桥式半控或接有续流二极管的电路，因为它们不能输出负电压，也不许直流侧出现负极性电动势，故不能实现有源逆变。

4.1.2 常用有源逆变电路

1. 单相桥式有源逆变电路

图 4-4a 所示是以单相交流电源供电的桥式全控电动机负载电路，当电路的触发延迟角 α 的移相范围在 $0 \sim \pi/2$ 之间时为整流状态，变流器在交流电压 u_2 的正半周，VT_1、VT_4 触发导通，VT_2、VT_3 因承受反向电压截止，U_d 上正下负，电动机电动势也上正下负，电源向电动机输送能量电动机处于整流状态。

当电路的触发延迟角 α 的移相范围在 $\pi/2 \sim \pi$ 之间时为有源逆变状态，在交流电源电压 u_2 的负半周，VT_2、VT_3 触发导通，VT_1、VT_4 因承受反向电压截止，U_d 下正上负，此时 $E_M > U_d$，即可实现有源逆变，输出电压的波形如图 4-4b 所示，此时变流器输出电压 U_d 平均值虽然为负值，但晶闸管在电动势 E_M 的作用下，仍承受正向电压导通，使电动机产生的直流电能反送回电网，变流器的直流输出电压与半波电路一样。

2. 三相半波有源逆变电路

图 4-5a 是以三相交流电源供电的电动机负载电路。与单相桥式变流电路一样，当触发延迟角 α 的移相范围为 $0 \sim \pi/2$ 时为整流状态，电路的触发延迟角 α 的移相范围为 $\pi/2 \sim \pi$ 时为有源逆变状态，电动机电动势 E_M 大于变流器输出电压 U_d，逆变角 β 小于 $\pi/2$，且极性上负下正，逆变角 β 小于 $\pi/2$ 时，可实现有源逆变。

图 4-5b 是 $\beta = \pi/6$ 时的波形，此时把触发脉冲加到 VT_1 上，U 相电压 $u_U = 0V$，VT_1 因承受正向电压 E_M 导通，电流 I_d 从晶闸管 VT_1 流过，变压器输出电压 u_d 和 U 相电压 u_U 相

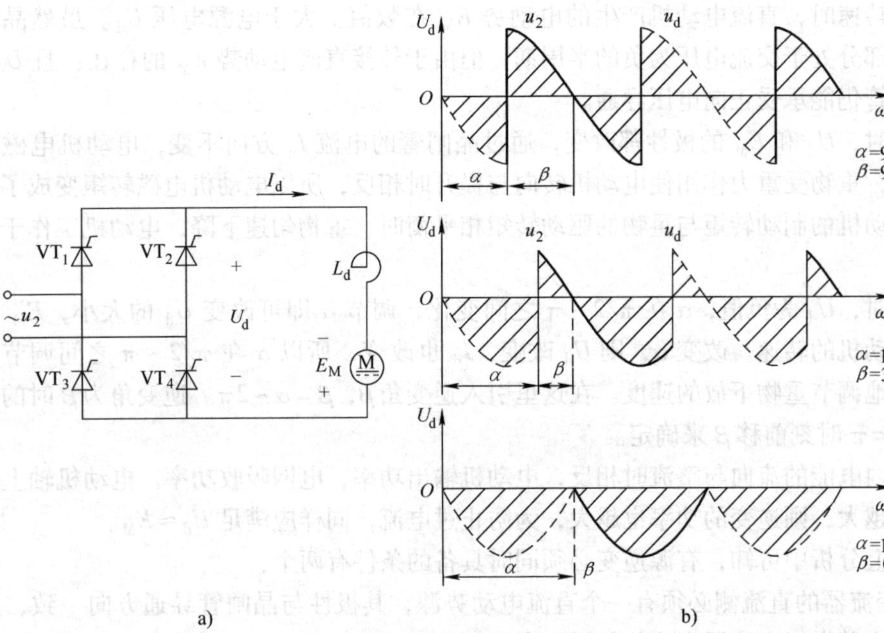

图 4-4 单相桥式有源逆变电路及波形

a）单相桥式有源逆变电路图 b）单相桥式有源逆变电路波形图

等。按照 U、V、W 的电源相序，把触发脉冲按相隔 2π/3 的相位角依次加到相应的晶闸管上，于是就得到了图 4-5b 所示 u_d 的波形，其直流电压平均值 U_d 为负值，为使电动机得到平直连续的直流电流 I_d，电路中串入大电感，逆变角的起点是相邻的各相电压在负半周的交点。

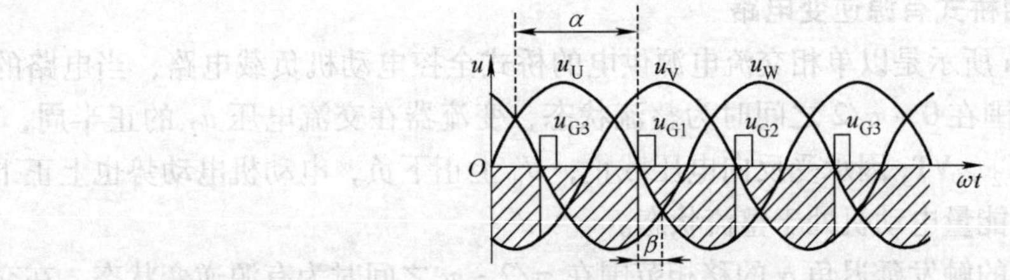

图 4-5 三相半波有源逆变电路及波形

a）三相半波有源逆变电路图 b）$\beta=\pi/6$ 时承受正向电压波形 c）电流波形

3. 三相桥式全控有源逆变电路

图4-6a是以三相交流电源供电的桥式全控电动机负载电路。与单相桥式全控和三相半控变流电路一样，当触发延迟角α的移相范围为$0\sim\pi/2$时为整流状态，α的移相范围为$\pi/2\sim\pi$，即β移相范围为$0\sim\pi/2$时为有源逆变状态。电路在β小于$\pi/2$时给相应晶闸管以触发脉冲，电动机电动势方向下正上负。当E_M在数值上大于U_d时，就能进行有源逆变。触发脉冲的顺序有源逆变时与整流时一样，依次是VT_1与VT_6、VT_1与VT_2、VT_2与VT_3、VT_3与VT_4、VT_4与VT_5、VT_5与VT_6。在每个周期触发晶闸管的间隔是$\pi/3$，这样使六个晶闸管依次导通，而且对共极性连接的晶闸管每个时刻都只有一个导通，要求由双脉冲或宽脉冲触发晶闸管。

图4-6b是$\beta=\pi/3$的输出电压波形。如果在ωt_1时刻VT_1、VT_6被触发，电压$u_{UV}=0$，在E_M的作用下，这个晶闸管承受正向电压导通，此时$u_d=u_{UV}$，是u_{UV}的负半周期。当经过$\pi/3$时间后，在ωt_2时刻VT_1继续导通，VT_2因承受反向电压u_{VW}触发也导通，VT_6因承受反向电压而关断，完成了VT_6到VT_2的换相过程，其他情况与此相同。β的起点自对应的线电压负半周期交点开始。

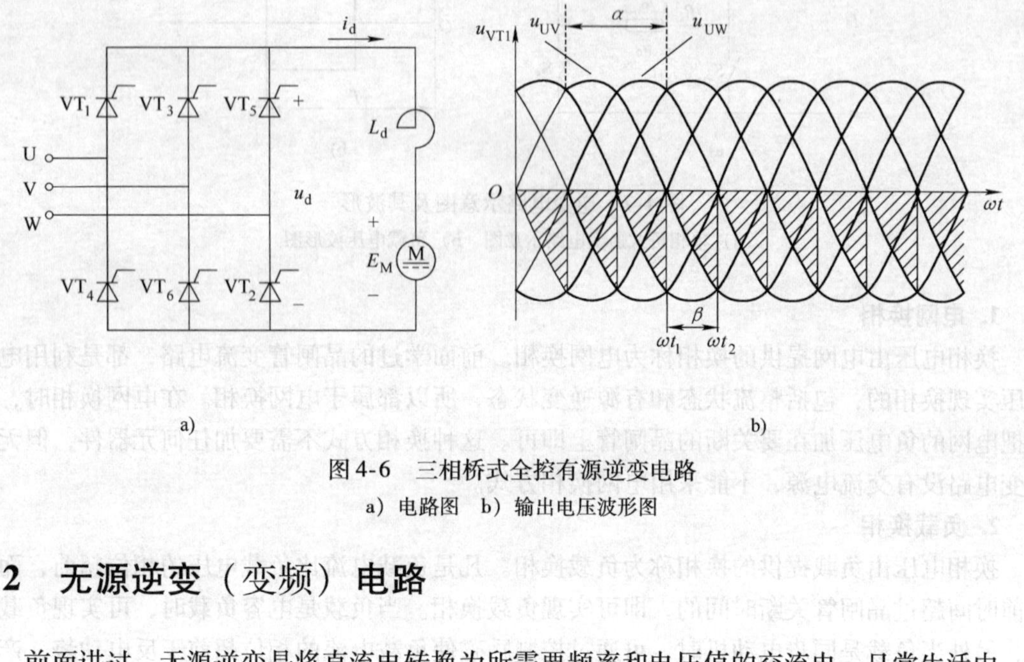

图4-6 三相桥式全控有源逆变电路

a）电路图 b）输出电压波形图

4.2 无源逆变（变频）电路

前面讲过，无源逆变是将直流电转换为所需要频率和电压值的交流电。日常生活中，无源逆变经常用于交流电动机变频调速控制、感应加热、不间断电源等方面。完成无源逆变的装置称为无源逆变器（简称逆变器），无源逆变常和变频联系在一起，因此又称为变频器。变频器的电源如果是直流发电机、蓄电池，则称为直流—交流变频器，简称直—交变频器。有些场合中电网提供的50Hz工频电源不能满足负载的特殊需要，所以要求交流电整流得到直流电，然后又变成频率可调的交流电，这种系统称为交流—直流—交流变频器，简称交—直—交变频器。

工业用的特殊交流电源大致有以下几种：

（1）变频变压电源（VVVF） 主要用于交流电动机调速。

（2）恒频恒压电压（CVCF） 用于不间断供电电源。

（3）感应加热用交流电源 用于各行业的金属熔炼、表面淬火处理以及透热弯管等领域。

4.2.1 逆变器的工作原理

图4-7a为单相桥式逆变电路示意图。图中U为直流电源，开关$S_1 \sim S_4$构成桥式电路的四个桥臂，R_L是电阻性负载。当闭合S_1、S_4，断开S_2、S_3时，负载所承受的电压u_o为正；当开关S_2、S_3闭合，S_1、S_4断开时，负载所承受的电压极性改变，u_o为负，其波形如图4-7b所示。这样，就把直流电变成了交流电，想要改变输出端交流电的频率，只要改变两组开关的切换频率即可。在改变开关$S_1 \sim S_4$的闭合顺序过程中，电流先流经S_1到S_4，再从S_2到S_3流过，中间都经过负载。电流从一个支路转移到另一个支路的过程称为换相。前面内容也涉及换相问题，但由于逆变电路中换相问题最为复杂，下面介绍电路的几种换相方式。

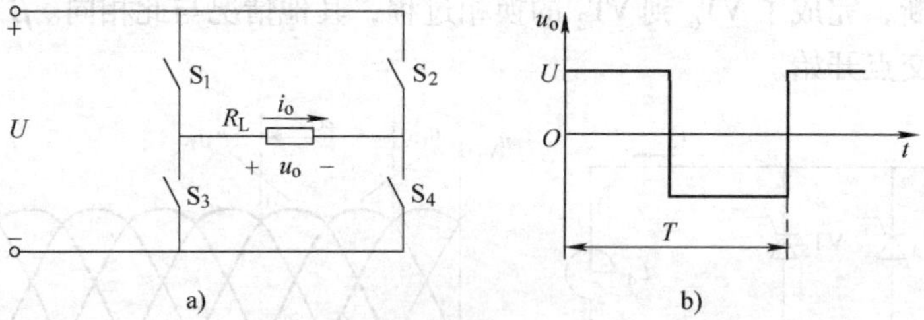

图4-7 逆变电路示意图及其波形

a）单相桥式逆变电路示意图 b）负载电压波形图

1. 电网换相

换相电压由电网提供的换相称为电网换相。前面学过的晶闸管变流电路，都是利用电网电压实现换相的，包括整流状态和有源逆变状态，所以都属于电网换相。在电网换相时，只要把电网的负电压加在要关断的晶闸管上即可。这种换相方式不需要加任何元器件，但无源逆变电路没有交流电源，不能采用电网换相方式。

2. 负载换相

换相电压由负载提供的换相称为负载换相。凡是负载电流比负载电压的相位超前，而且超前时间超过晶闸管关断时间的，即可实现负载换相。当负载是电容负载时，可实现负载换相，另外当负载是同步电动机时，可通过控制励磁使负载电流的相位超前于反电动势，产生过励磁时，可实现负载换相。

3. 电容换相

设置附加的电路，换相电压由电路中的电容元件提供的换相称为电容换相。利用电容是储能元件的性质，可以给晶闸管施加反向电压或反向电流，强迫晶闸管关断，所以又称强迫换相或脉冲换相。

4. 器件换相

利用电力电子器件自身具有的自关断能力实现的换相称为器件换相。由于电力电子器件可以通过门极信号使其关断，换相控制过程很简单，所以在逆变器中应用广泛。

4.2.2 电压型逆变电路

根据直流电源性质的不同把逆变电路分为两类：电压型逆变电路和电流型逆变电路，也分别叫电压源型逆变器和电流源型逆变器。直流侧是电压源的称为电压型逆变器，其输入端并联有大电容，直流回路呈现低阻抗，可保证直流电压的稳定性，输入的直流电压源相当于恒压源，逆变电路将直流电压变换成交流电压输出。

电压型逆变电路主要有以下特点：

1）直流侧接有大电容，直流回路呈现低阻抗，产生的直流电压几乎无脉动，相当于恒值的电压源。

2）直流电压源的恒压作用，使交流侧产生矩形的电压波形，且与负载阻抗角大小无关，但交流侧产生的电流波形及其相位却会因为负载的阻抗角不同发生变化，交流电流波形接近正弦波或三角形。

3）当交流侧接有电感性负载时，各个逆变电路的桥臂都并联有反馈二极管，提供了电感向直流侧回馈能量的通路。

4）经逆变电路从直流侧向交流侧传输的功率是脉动的，直流电压无脉动，因此功率的脉动是直流电流的脉动引起的。

5）交—直—交变频器用于负载为电动机的电路中时，若电动机工作于再生制动状态，就要向交流电源回馈电能，直流侧电压方向不能变，因此只能靠直流电流方向的改变来实现。

下面按单相和三相两类电压型逆变电路来分析：

1. 单相逆变电路

（1）半桥逆变电路　图4-8a是半桥逆变电路原理图。电路中有两个相同的桥臂，每个都是由一个可控器件和一个反向并联的二极管组成。在直流侧接有两个大电容，它们将直流电压 U_d 平分，各承受 $U_d/2$ 的电压。负载连接在直流侧两个电容连接点与两个桥臂的连接点之间，当两个桥臂交替工作时，负载得到交变电压和电流。

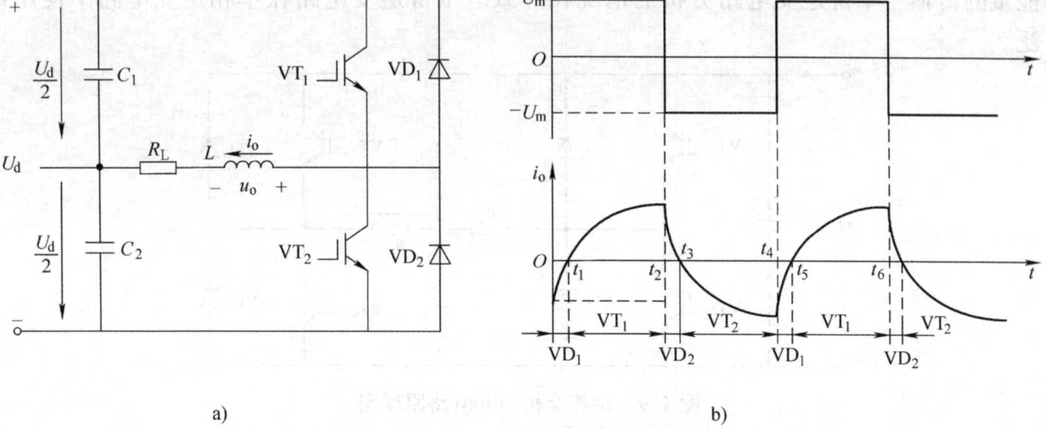

图4-8　半桥逆变电路原理图及波形图

a）半桥逆变电路原理图　b）半桥逆变电路波形图

在电力晶体管 VT_1 和 VT_2 的基极上交替加上触发信号，使其交替导通和截止。当有感性负载存在时，输出电压与电流的波形如图 4-8b 所示。输出电压 u_o 为矩形波，其最大值为 $U_m = U_d/2$，输出电流 i_o 的波形与负载的阻抗角相关。先从图 4-8b 的 t_1 时刻开始分析：t_1 ~ t_2 期间 VT_1 导通，VT_2 截止，回路由电容器 C_1、VT_1、L、R_L 组成，输出电压方向右正左负，输出负载电流 i_o 方向向左；当 t_2 时刻到来时，使 VT_1 截止，触发 VT_2 导通，由于电感 L 的自感作用，负载电流 i_o 仍保持原来方向，回路由 C_2、VD_2、L 和 R_L 组成，VD_2 起到续流作用，电容器 C_2 的端电压通过 VD_2 加在负载上，方向左正右负，u_o 变为负值；当 i_o 值降为零，到达 t_3 时刻时，VT_2 导通，VD_2 截止，i_o 改变方向；同理，到 t_4 时刻，让 VT_2 关断，VD_1 先续流，给 VT_1 加触发信号；到 t_5 时刻，VD_1 截止，VD_2 导通，又改变方向。图中画出了各元器件和其对应导通的时间段。

由上面分析可知：VT_1 与 VT_2 导通时，在负载上电压和电流方向一致，此时直流电源侧向负载提供能量；VD_1、VD_2 导通时负载上电压和电流方向相反，则负载中的储能元件电感向直流电源侧回馈无功能量，此能量储存于对应的电容器中，电容器的作用是缓冲这些无功能量。二极管在电路中起到负载向直流电源侧输送能量的通道作用，因此称为反馈二极管，同时也起到使电流连续的作用，故又称作续流二极管。

若使用无自关断能力的晶闸管作可控器件时，需加电容换相电路才可实现正常工作。

该电路的特点是电路简单、器件少，但其输出的交流电压值是直流电压值的一半，且需要用电容器控制电压的平均分配，因此应用较少，只用于小功率逆变电路中。下面介绍的逆变电路由半桥逆变电路组成，所以分析其原理仍然很有意义。

（2）全桥逆变电路　图 4-9 是单相全桥逆变电路原理图。电路有四个相同的桥臂，可认为是两个半桥逆变电路组合而成，其中 VT_1、VD_1 和 VT_4、VD_4 为一对，VT_2、VD_2 和 VT_3、VD_3 为另一对，每对桥同时导通，每隔 π 角度，两对进行交替导通。与半桥逆变电路相比较，全桥逆变电路的输出波形与其形状相同，也是矩形波，但在数值上输出电压最大值 $U_m = U_d$，比半桥大一倍。在负载相同的情况下，输出电流 i_o波形也不变，但幅值也增加一倍。在图中，各器件的导通顺序是 VD_1 和 VD_4、VT_1 和 VT_4、VD_2 和 VD_3、VT_2 和 VT_3。无功能量的传输与半桥逆变电路分析的情况相一致。全桥逆变电路在单相逆变电路中使用最广泛。

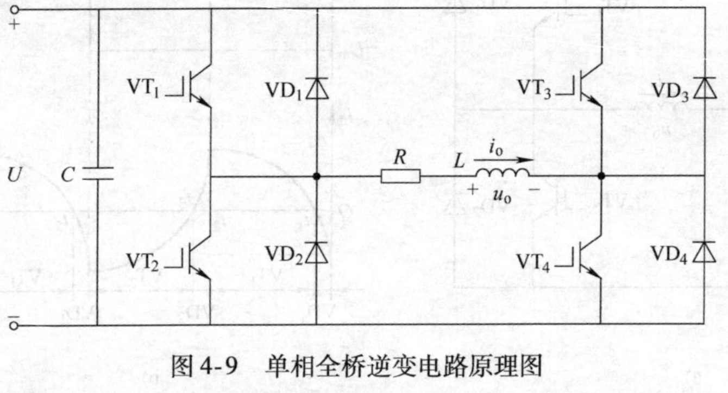

图 4-9　单相全桥逆变电路原理图

2. 三相逆变电路

在三相逆变电路中，以应用广泛的三相桥式逆变电路为例来进行分析。电压型三相桥式逆变电路如图 4-10 所示，电路中的可控器件采用电力晶体管，电路由三个半桥组成。

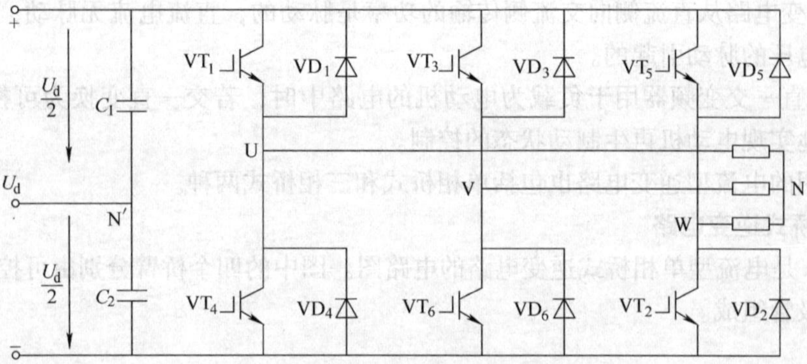

图4-10 电压型三相桥式逆变电路

为了便于分析，在电路图中的直流侧假设中点 N'。电路中共有六个桥臂，每相有两个桥臂，每个桥臂导通的相位依次差 4π/3。每次换相都是在每一相本身的两个桥臂之间进行的，因此称为纵向换相。在任何时刻，都有三个桥臂同时导通，即上面两个、下面一个或上面一个、下面两个同时导通。

对三相桥式逆变电路输出波形进行分析。以 U 相为例，当 VT_1 所在桥臂导通后，$u_{UN'}=U_d/2$；当 VT_4 所在桥臂导通后，$u_{UN'}=-U_d/2$。因此，输出 $u_{UN'}$波形是矩形波。另外，V、W 两相情况类似于 U 相，除了在相位上依次相差 2π/3 外，$u_{VN'}$、$u_{WN'}$的波形和 $u_{UN'}$ 相同，它们的波形如图 4-11 所示。

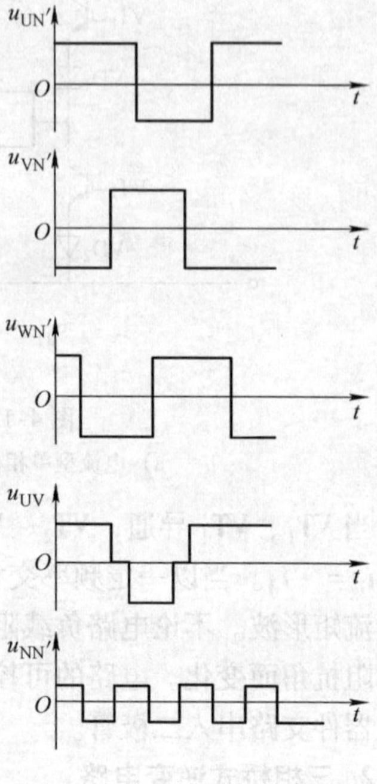

图4-11 三相桥式逆变电路波形图

为了避免每一相的桥臂晶体管同时导通造成直流侧短路，在换相时，要采取先断后通的方法，在关断相应的开关器件后，经过一小段间隔的时间，再触发相应的导通器件。所有这种桥臂互补的工作方式都必须采取“先断后通”的控制方法。

4.2.3 电流型逆变电路

直流侧是电流源的称为电流型逆变电路，其输入端串联有大电感，直流回路呈现高阻抗，可保证直流电流的稳定性，相当于恒流源，逆变电路将直流电流转换成交流电流输出。

电流型逆变电路主要有以下特点：

1）直流侧接有大电感，直流回路呈现高阻抗，产生的直流电流几乎无脉动，相当于恒值的电流源。

2）电路中的各开关器件起到改变直流电流通路的作用，因此交流侧产生矩形的电流波形，这与负载阻抗角大小无关，但交流侧产生的电压波形及其相位却会因为负载的阻抗角不同发生变化，交流电压波形接近正弦波形。

3）直流侧接有大电感，起到缓冲无功能量的作用，因为相当于恒流源，电流不能反向，故可控器件不必反并联二极管。

4）经逆变电路从直流侧向交流侧传输的功率是脉动的，直流电流无脉动，因此功率的脉动是直流电压的脉动引起的。

5）交—直—交变频器用于负载为电动机的电路中时，若交—直变换为可控整流方式，就可以方便地实现电动机再生制动状态的控制。

经常使用的电流型逆变电路也包括单相桥式和三相桥式两种。

1. 单相桥式逆变电路

图 4-12a 是电流型单相桥式逆变电路的电路图。图中的四个桥臂分别由可控晶体管和与其串联的二极管组成。

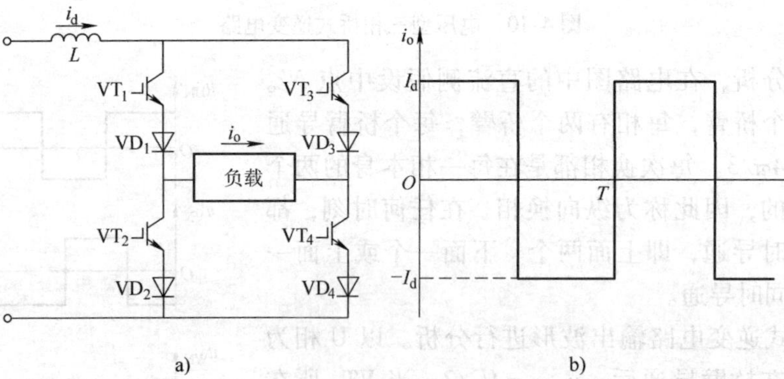

图 4-12 电流型单相桥式逆变电路及电流波形

a）电流型单相桥式逆变电路图 b）电流型单相桥式逆变电流波形图

当 VT_1、VT_4 导通，VT_2、VT_3 关断时，$i_o = i_d$；而当 VT_1、VT_4 关断，VT_2、VT_3 导通时，$i_o = -i_d$。当以一定频率交替切换两组可控晶体管时，就可在负载上获得图 4-12b 所示的电流矩形波。不论电路负载阻抗角如何，其输出波形保持不变，但输出的电压波形会随负载的阻抗角而变化。电路的可控晶体管采用自关断器件时，若其反向不能承受高压，需在各可控器件支路串入二极管。

2. 三相桥式逆变电路

图 4-13 所示是电流型三相桥式逆变电路图。为了保持电流的恒定，在直流电源侧串联大电感 L。

电流型三相桥式逆变电路的基本工作方式是相位间隔 $2\pi/3$ 导通，每一时刻只有两个桥臂导通，可控器件的导通次序是 $VT_1 \to VT_2 \to VT_3 \to VT_4 \to VT_5 \to VT_6$，每个间隔 $\pi/6$，两个可控器件组成的桥臂导通 $2\pi/3$。每次上面和下面分别有一个桥臂导通，换相时，在上面桥臂或下面桥臂内依次轮换，这种换相方式属于横向换相。

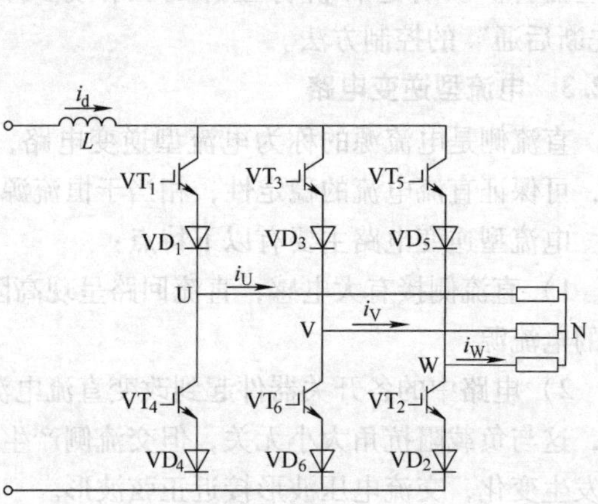

图 4-13 电流型三相桥式逆变电路图

图4-14 所示为电流型三相桥式逆变电路的输出电流矩形波，同单相的一样，它与负载性质无关，而输出电压波形由负载的性质决定。

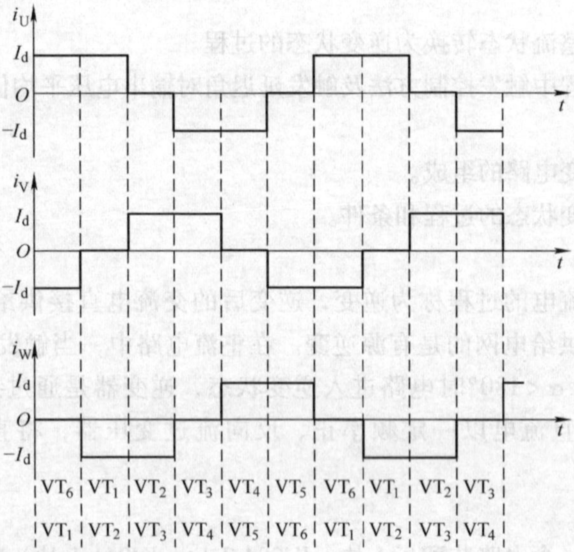

图4-14　电流型三相桥式逆变电路的输出电流矩形波

本章小结

本章主要介绍了有源、无源逆变的基本概念和原理，常用有源、无源逆变电路工作过程的分析及有源、无源逆变电路在实践中的应用等知识。

1. 把直流电能变换成交流电能的过程叫做逆变，完成这一变换的电路叫做逆变电路。逆变分两种，有源逆变是将直流电能变换为与电网同频率的交流电能反送回电网，无源逆变是将直流电能变为频率可调的交流电能送给负载使用。

2. 实现有源逆变的条件是：变流器的直流侧必须接有同晶闸管导通方向一致的直流电源，而且电动势的数值应大于变流器输出电压，同时变流器的逆变角必须小于 $\pi/2$。

3. 有源逆变必须注意的事项是：电源电动势和负载电动势的方向不能一致，否则会发生短路故障，逆变也会失败。逆变失败的原因有：触发电路可靠性降低、交流电源缺相、逆变角太小、晶闸管损坏。有源逆变经常应用于直流可逆电力拖动、绕线转子异步电动机的串级调速及高压直流输电等。

4. 无源逆变通过两组开关轮流交替导通，输出给负载正、负交替变化的交流电压和电流。交替导通的过程叫做换相，其方式有：负载换相、电容换相和器件换相。全控型器件的换相非常简单，已经取代了半控型器件。

5. 根据直流电源的性质，逆变电路分为电压型和电流型。直流侧是电压源的称为电压型逆变电路，直流侧是电流源的称为电流型逆变电路。电压型逆变电路直流侧均并联大电容，电流型逆变电路直流侧均串联大电感。

6. 无源逆变电路主要应用于交流电动机调速、感应加热及不间断电源等。

本章实训 三相桥式全控有源逆变电路

1. 实训目的

（1）训练电路的整流状态转换为逆变状态的过程。

（2）测试逆变过程中触发控制方法及触发延迟角对输出电压平均值大小的影响。

2. 相关知识

（1）全控有源逆变电路的组成。

（2）产生有源逆变状态的过程和条件。

3. 实训说明

将直流电变为交流电的过程称为逆变，逆变后的交流电直接供给负载的是无源逆变，逆变后的交流电直接供给电网的是有源逆变。在整流电路中，当触发信号的触发延迟角 α 在第二象限，即 $90° < \alpha < 180°$ 时电路进入逆变状态，逆变器是通过控制振荡器推动功率放大器或晶闸管，使直流电以一定频率正、反向流过变压器，将直流电能转换成交流电能。

4. 实训设备

（1）触发电路板（含电路装配板 1 块、KJ004 3 片、KJ041 1 片）1 块。

（2）整流主电路板 1 块。

（3）双路稳压电源 1 台。

（4）单路稳压电源 1 台。

（5）双踪示波器 1 台。

（6）三相整流变压器 380V/110V 3 台。

（7）直流电动机 Z2－22 1 台。

（8）平波电抗器 1 台。

（9）直流电阻箱（100～200Ω）1 只。

（10）直流电流表（30A）1 只。

（11）直流电压表（300V）1 只。

5. 实训电路

实训主电路如图 4-15 所示。

触发控制电路及三相整流变压器与三相同步变压器的连接与第 2 章中的本章实训 2 图 2-32 和图 2-33 相同。

6. 实训内容与步骤

（1）电路装配过程及校核相序、相位的方法、过程与第 2 章中的本章实训 2 的相同。

（2）调整各触发器锯齿波斜率间隔应为 60°，斜率基本要一致；输出脉冲为双窄脉冲 $U_c = 0$ 时，初始脉冲应在 $\alpha = 90°$ 处。必须严格控制脉冲触发时刻和触发延迟角 α 的大小。保证逆变角 β_{min} 在 30°～35°之间。

（3）主电路接入直流电动机负载，按图连接控制电路与主电路，完成逆变电路组装。调节 RP_1，观测 α 从 90°～180°变化时 u_d、i_d 波形。画出 $\alpha = 0$、140°、150°、180°时 u_d、i_{T1} 的波形，记录 U_c、U_d、I_d 的数值及电动机转动情况（注意电动机转动方向不变）。

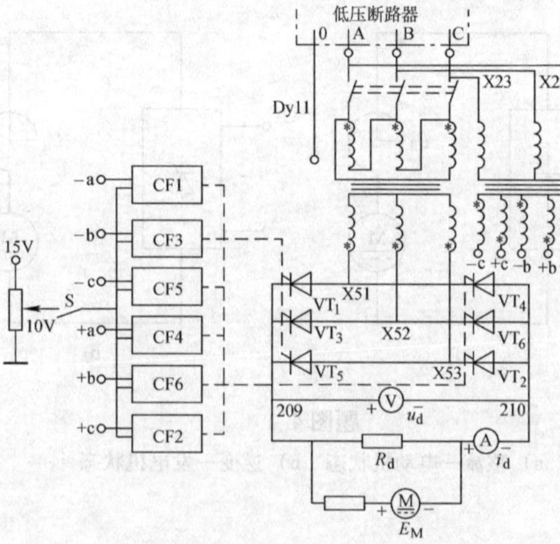

图4-15 实训主电路

7. 注意事项

（1）装配并连接好电路，必须经指导教师检查认可后，方可闭合电源开关。

（2）本实训所使用的电源是380V，50Hz交流电，要注意人身安全，防止触电。

（3）一般取逆变角β_{min}为30°~35°，当逆变角β太小时，会产生逆变失败。

8. 实训报告要求

（1）整理实训有关数据及电压、电流波形，依据实训记录的波形及有关数据总结三相桥式全控有源逆变的条件。

（2）实训过程中，出现过异常现象吗？请分析异常原因。

（3）回答下列问题：

1）逆变状态为什么触发延迟角α要满足$90° < \alpha < 180°$？

2）晶闸管有源逆变的条件有哪些？为什么对工作在逆变状态下的晶闸管电路触发电路、电路元器件、过电流保护等都比整流电路要求要高？为什么直流电源的值应稍大于变流器直流侧的平均电压？

【思考与练习题】

4.1 什么是逆变？

4.2 什么是有源逆变？为什么要进行有源逆变？

4.3 有源逆变的工作原理是什么？实现有源逆变的条件是什么？

4.4 为什么有源逆变不能采用半控桥或接有续流二极管的变流电路？

4.5 在题图4-1中画出变流器输出电压、电动机电动势及电流i_d的方向。并说明E_M与U_d的大小关系。

4.6 有源逆变主要应用于什么方面？

4.7 什么叫无源逆变？它的换相方式有哪几种？

4.8 什么是电压型逆变电路？其特点是什么？

4.9 什么是电流型逆变电路？其特点是什么？

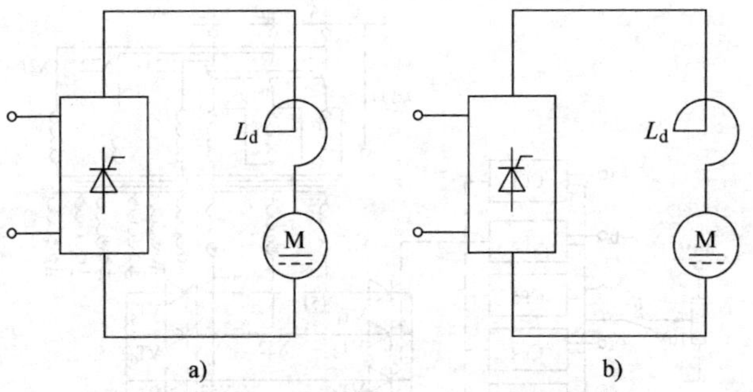

题图 4-1

a）整流—电动机状态　b）逆变—发电机状态

第 5 章　交流调压电路和变频电路

对交流电压进行调节的电路称为交流调压电路，这种电路只改变交流电压和电流的大小，而不改变交流电的频率。改变交流电频率的电路称为变频电路。

本章主要介绍交流调压电路、变频电路的工作原理及其实用电路。

5.1　交流调压电路

5.1.1　单相交流调压电路

把一只双向晶闸管或两只普通晶闸管反并联后，串联在交流电路中，在每半个周期内通过对晶闸管导通相位的控制，就可以调节输出电压的有效值，这种电路称为交流调压电路。交流调压电路也可由电力晶体管等全控型器件构成，它广泛应用于灯光控制、异步电动机调速以及电焊、电镀、电解等需要调压的场合。

交流调压电路的工作状况与负载性质有很大关系，下面分别介绍电阻性负载和阻感性负载的单相调压电路。

1. 带电阻性负载

图 5-1 为带电阻性负载的单相交流调压电路及其波形。图中双向晶闸管 VT 也可用两只普通晶闸管反并联替代。交流电源正半周 α 时刻触发 VT 导通，电流流过负载电阻 R；交流电源电压过零，电流 $i_o=0$，VT 自行关断；交流电源负半周 α 时刻，再次触发 VT 导通，电流反方向流过负载电阻 R；电源电压过零时，VT 又自行关断。下个周期重复上述过程，在负载电阻 R 上便得到正、负半周缺角的正弦电压波形，如图 5-1b 所示。通过改变触发延迟角 α，就可以改变输出电压的有效值。

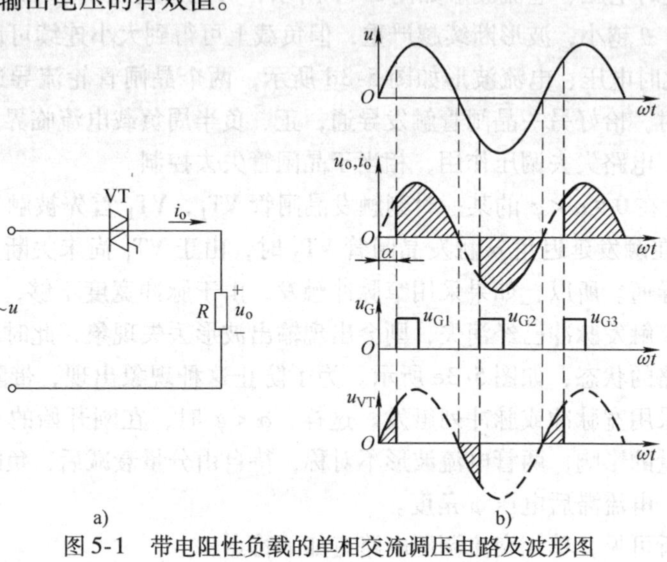

图 5-1　带电阻性负载的单相交流调压电路及波形图

a）调压电路　b）波形图

电流有效值 I_o、电压有效值 U_o 及负载电阻 R 之间的关系为

$$I_o = \frac{U_o}{R}$$

电路的功率因数为

$$\cos\varphi = \sqrt{\frac{1}{2\pi}\sin 2\alpha + \frac{\pi - \alpha}{\pi}}$$

图 5-2 所示为调光台灯的实用电路。C_2 的充电时间越短，VT 的导通角越小；C_2 的充电时间越长，VT 的导通角越大。调节电位器 RP 可调节 C_2 的充电时间，也就调节了 VT 的触发延迟角，达到调节输出电压的目的。当 RP 大到一定值时，C_2 上充电电压在电源半个周期内，达不到 VT 的触发电压，使灯光亮度的调节范围受到限制。为此，电路中增加了 R_1、C_1。在较大的触发延迟角时，滞后于电源电压的 C_1 两端电压，经 R_2 继续向 C_2 充电提高了 C_2 两端电压，保证 VT 可靠触发导通，增大了输出电压的调整范围。

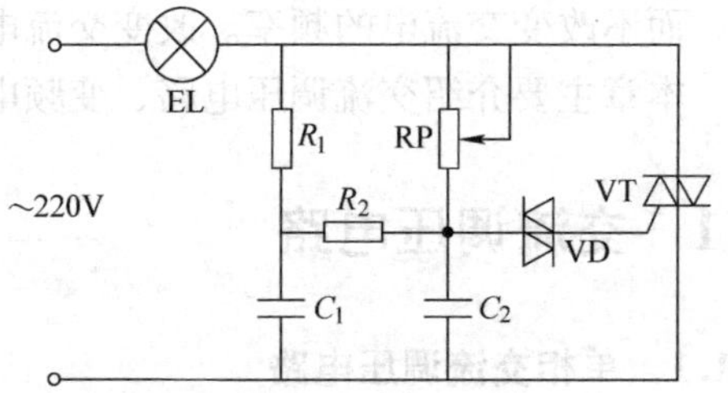

图 5-2 调光台灯的实用电路

2. 带阻感性负载

带阻感性负载的单相交流调压电路及其波形如图 5-3 所示。阻感性负载电路中电流滞后于电压，当电源电压由正半周过零时，电流还未到零，晶闸管不能关断，还要继续导通到负半周。此时晶闸管导通角 θ 的大小不仅与触发延迟角 α 有关，而且与负载的阻抗角 φ（$\varphi = \arctan\dfrac{\omega L}{R}$）有关。图 5-3 为导通角 θ、触发延迟角 α 和负载阻抗角 φ 的关系曲线。

由图 5-3 可见，触发延迟角越小则导通角越大，负载阻抗角越大则导通角越大。

下面分三种情况进行说明。

1）$\alpha > \varphi$。此时电压、电流波形如图 5-3c 所示，可见导通角 $\theta < 180°$，正、负半周电流断续，且 α 越大，θ 越小，波形断续越严重，但负载上可得到大小连续可调的交流电压。

2）$\alpha = \varphi$。此时电压、电流波形如图 5-3d 所示，两个晶闸管轮流导通，在导通的晶闸管电流过零关断时，恰好另一晶闸管触发导通，正、负半周负载电流临界连续，输出电压为电源电压。这时，电路失去调压作用，相当于晶闸管失去控制。

3）$\alpha < \varphi$。设在 $0 \leqslant \alpha < \varphi$ 的某一时刻触发晶闸管 VT_1，VT_1 首先被触发导通，其导通角将超过 180°。当在触发延迟角 α 触发晶闸管 VT_2 时，由于 VT_1 尚未关断，VT_2 两端电压为零，不能被触发导通。所以，如果采用窄脉冲触发，由于脉冲宽度不够，当 VT_1 关断，VT_2 两端有正电压时，触发脉冲已经消失，则会出现输出波形丢失现象，此时电路相当于工作在单相半波整流电路的状态，如图 5-3e 所示。为了防止这种现象出现，带阻感性负载的单相交流调压电路应采用宽脉冲或脉冲列触发。这样，$\alpha < \varphi$ 时，在刚开始的几个周期内，由于负载电流自由分量的影响，两管电流波形不对称，待自由分量衰减后，负载即得到完全对称的正弦电流波形，电流滞后电压 φ 角度。

通过上述分析可见，单相交流调压电路有如下特点：

1）带电阻性负载时，负载得到缺角的正弦电压、电流波形。改变触发延迟角 α 可连续

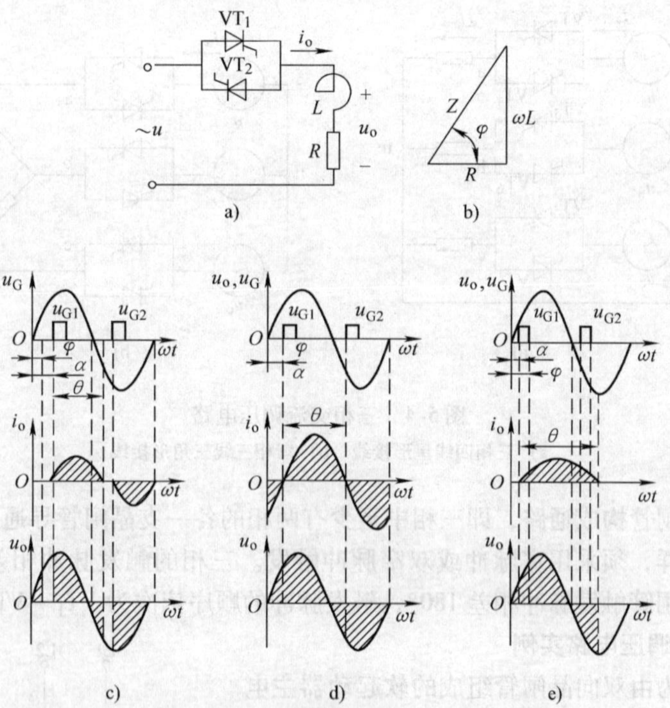

图 5-3　带阻感性负载的单相交流调压电路及其波形图
a）电路图　b）负载阻抗三角形　c）$\alpha>\varphi$　d）$\alpha=\varphi$　e）$\alpha<\varphi$

调节负载交流电压的有效值，达到交流调压的目的。

2）带阻感性负载时，触发脉冲宽度必须足够，否则当 $\alpha<\varphi$ 时一个晶闸管无法导通，将出现波形丢失现象，使负载带有较大直流分量而烧坏晶闸管。

3）带阻感性负载时，最小触发延迟角 $\alpha=\varphi$，所以 α 的移相范围为 $\varphi\sim180°$；带电阻性负载时，α 的移相范围为 $0\sim180°$。

5.1.2　三相交流调压电路

三相交流调压电路依其接线方式的不同有多种形式，下面介绍常用的三相四线交流调压电路和三相三线交流调压电路。

1. 三相四线交流调压电路

三相四线星形接线交流调压电路如图 5-4a 所示。有中性线的三相星形接线交流调压电路，可以视为三个单相交流调压电路的组合，其工作原理和波形分析与单相交流调压电路相同。但是在交流调压电路中，包含有较大的高次谐波。有些谐波不能在各相之间流动，全部流过中性线。谐波分量的大小与触发延迟角 α 有关，当 $\alpha=90°$时，谐波分量最大，此时中性线电流甚至接近各相电流的有效值。所以在选择中性线的截面积时，应充分考虑谐波电流的影响。

2. 三相三线交流调压电路

图 5-4b 所示为三相三线三角形接线交流调压电路。把图 5-4a 三相四线星形接线中的中性线去掉，就构成三相三线的星形接线电路。由于没有中性线，任一相晶闸管导通时必须与

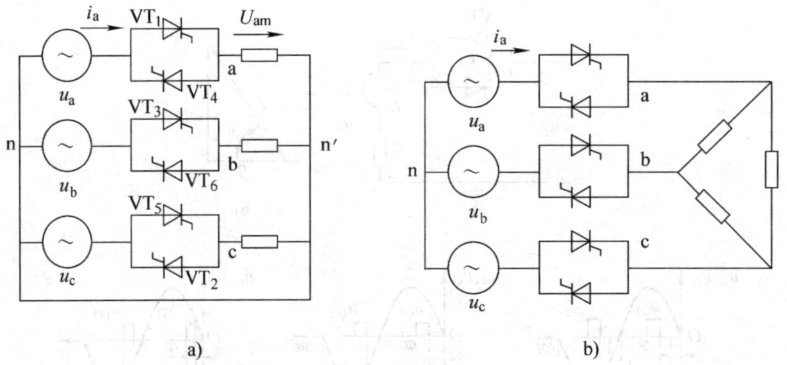

图 5-4 三相交流调压电路

a）三相四线星形接线 b）三相三线三角形接线

另外至少一相晶闸管构成通路，即三相中至少有两相的各一支晶闸管导通，因此和三相桥式全控整流电路一样，须采用宽脉冲或双窄脉冲触发。三相的触发脉冲相差 120°，同一相的两个反并联的晶闸管触发脉冲相差 180°，触发脉冲的顺序依次为 $VT_1 \sim VT_6$。

3. 三相交流调压电路实例

图 5-5 所示为由双向晶闸管组成的软起动器主电路。软起动器可用于三相异步电动机的起动与制动控制，电动机容量可以较大。采用软起动器可抑制电动机起动过程中的电流，降低对机械传动系统的冲击，提高机电系统寿命，减少故障。软起动器适用于控制轻载起动的用电设备，如水泵、风机、压缩机等。

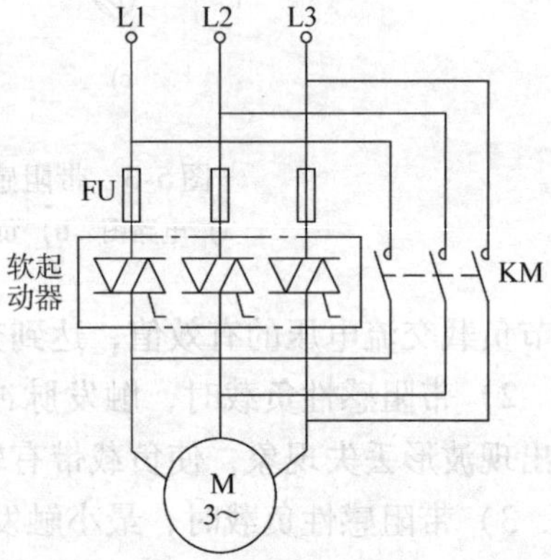

图 5-5 软起动器主电路

软起动器主电路为三相三线交流调压电路，电动机可以接成星形也可接成三角形。软起动器有两种工作方式，一种是起动时电动机的电压逐渐上升，在一定时间内上升到额定值，使电动机平滑加速至额定转速；另一种限制电动机起动电流，起动时电动机电流逐渐增加，当电流上升至某一值时，起动器使电动机为恒电流加速，随转速升高，起动器再使电动机端电压按线性规律上升至额定值，电动机的电流逐渐下降至稳定值。

5.2 交—交变频电路

交流调压电路是对交流电路的通断进行控制，实现对交流电压的调节，不改变交流电的频率。交—交变频电路是将交流电源转换成电压和频率可调的交流电路，所以交—交变频电路也称周波变换器。交—交变频电路广泛应用于低速、大功率交流电力拖动中，如轧钢机、矿井提升机、大型风机等。

5.2.1 单相交—交变频电路

1. 电路的构成与工作原理

三相交流电源输出为单相的交—交变频电路原理和电压波形如图 5-6 所示。电路由两组结构相同的晶闸管变流器反向并联构成，其中一组变流器称为正组变流器，另外一组称为反组变流器。如果正组变流器工作，则反组变流器被封锁；如果反组变流器工作，则正组变流器被封锁。当正组变流器工作时，负载电流为正；反组变流器工作时，负载电流为负。两组变流器按一定频率交替工作，负载就可得到相应频率的交流电。调节变流器的触发延迟角 α，就可改变输出交流电压的幅值。

为了使输出电压的波形接近正弦波，可按正弦规律调节 α。即在半个周期中调节正组变流器的触发延迟角 α，使其按正弦规律从 90°减小到 0 或某个值，然后再增大到 90°。则该变流器的输出电压平均值，将按正弦规律从零增到最大，然后再减小到零，如图 5-6b 中正半周正弦波所示。用同样的方法调节反组变流器的 α，负载即可获得正弦交流电压的负半周波形。

图 5-6b 是三相半波单相交—交变频电路的波形图。图中输出电压并非平滑的正弦波，而是由若干段电源电压拼接而成的。在输出电压的一个周期内，电源电压段数越多，其波形越接近正弦波。因此，变频电路常采用六个波头的三相桥式电路或 12 个波头的变流电路。而三相半波变流电路在电源电压的一个周期内只有三个波头。

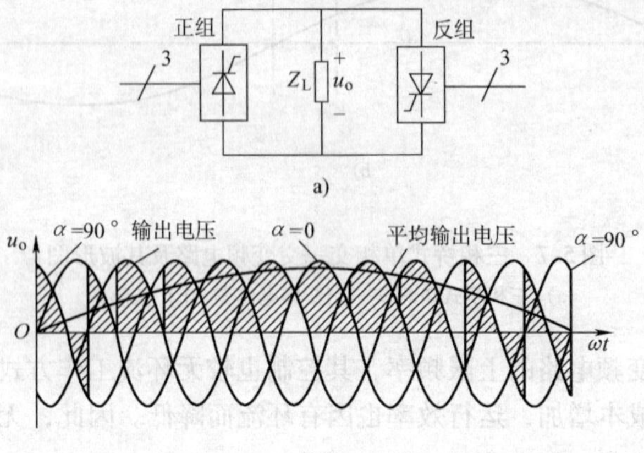

图 5-6　三相半波单相交—交变频电路原理和电压波形图

a）三相半波单相交—交变频电路图　b）波形图

2. 桥式变频电路

图 5-7a 所示为带阻感性负载的三相桥式单相交—交变频电路。设负载电流 i_o 滞后负载电压 u_o，其相位差为 φ。电路采取无环流工作方式，即一组变流器工作时，封锁另一组变流器的触发脉冲。由于电路的单向导电性，在 i_o 正半周时，只能是正组变流器工作，反组变流器被封锁；而在 i_o 负半周时，反组变流器工作，正组变流器被封锁。负载电流 i_o 与负载电压 u_o 的波形如图 5-7b 所示。

交—交变频电路的输出电压由许多段交流电源电压拼接而成，输出电压在一个周期内拼接的电源电压段数越多，输出电压越接近正弦波。当频率增高时，输出电压一周期内拼接的段数就越少，波形畸变就越严重，所以变频电路输出电压的频率受到了限制。

交—交变频电路除了无环流工作方式外，还可采用有环流工作方式。有环流工作方式没有晶闸管换相时的死区，避免了换相时电流断续的现象，并可消除电流死区，改善输出波

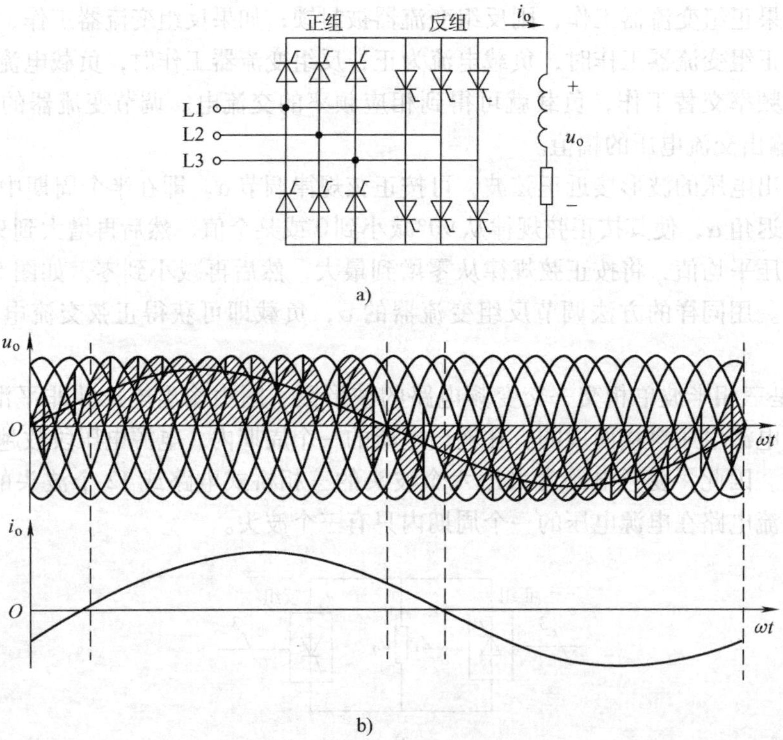

图 5-7 三相桥式单相交—交变频电路及其波形图
a）三相桥式单相交—交变频电路图 b）波形图

形，还可提高交—交变频电路的上限频率，其控制也较无环流工作方式简单。但是由于增设了环流电抗器使设备成本增加，运行效率也因有环流而降低。因此，无环流工作方式目前应用较多。

5.2.2 三相交—交变频电路

1. 接线方式

三相交—交变频电路由三组输出电压相位互差 120° 的单相交—交变频电路组成。其接线方式主要有两种，即公共交流母线接线方式和输出星形接线方式。

（1）公共交流母线接线方式 图 5-8 为公共交流母线接线方式变频电路，它由三个彼此独立的、输出电压相位互差 120° 的三个单相交—交变频电路组合而成，电源进线通过进线电抗器接在公共的交流母线上。因为电源接在同一母线上，所以三组单相交—交变频电路的输出端必须相互隔离，否则三相桥式变频电路任何两个输出端相连时，都将造成相间短路事故。因此，电动机三相绕组既不能接成三角形，也不能接成星形，只能将三个绕组拆开，引出六根线，将各相绕组单独与该相变频电路连接。这种接线方式也称为开三角形接线，一般用于中等容量的交流调速系统。

（2）输出星形接线方式 图 5-9 所示为输出星形接线方式变频电路，三组单相交—交变频电路的输出端采用星形联结，电动机绕组也接成星形。由于三组单相变频电路的输出端接在一起，为了避免发生相间短路故障，变频电路的电源侧就必须可靠隔离，因此三组单相

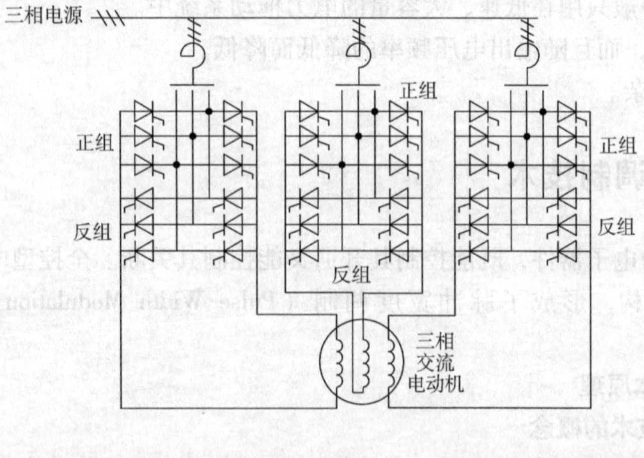

图 5-8　公共交流母线接线方式的三相交—交变频电路

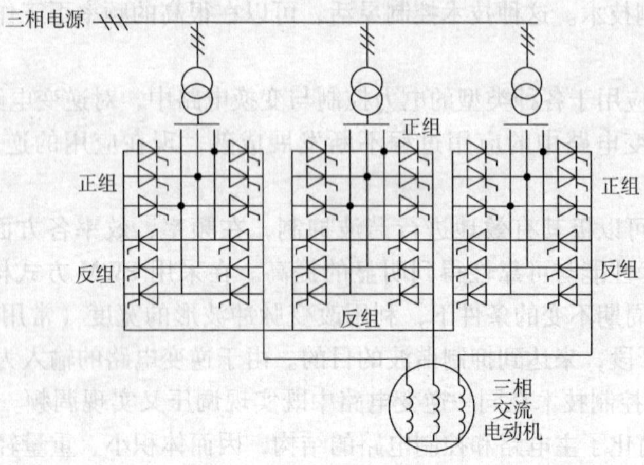

图 5-9　输出为星形联结方式的三相交—交变频电路

交—交变频电路必须分别由三个变压器供电。

由于变频电路输出端中性点不与负载中性点连接，所以六组桥式电路中，至少要有不同相的两组桥中的四个晶闸管同时导通才能构成回路。与整流电路一样，同一组桥内的两个晶闸管靠双触发脉冲保证同时导通；而两组桥之间则靠各自触发脉冲的宽度保证同时导通。

2. 交—交变频器的优缺点

交—交变频器的优点：

1）交—交变频电路不经过直—交逆变环节，所以换相损耗小、变流效率高。

2）交—交变频为电网自然换相，工作可靠性高。

3）交—交变频器的变流器可实现整流和逆变两种工作状态，所以电力拖动系统可实现四象限运行。

交—交变频器的缺点：

1）交—交变频器输出电压的最高频率受电源频率限制，且输出电压的波形随其频率的升高而变差，所以一般只用在低速、大容量的电力拖动系统中。

2）功率因数低，而且随输出电压频率的降低而降低。

3）控制电路复杂。

5.3 脉冲宽度调制技术

采用全控型电力电子器件，既能控制其开通又能控制其关断。全控型电力电子器件简化了电力电子电路结构，形成了脉冲宽度调制（Pulse Width Modulation）控制技术，简称 PWM。

5.3.1 PWM 的基本原理

1. PWM 控制技术的概念

PWM 即脉冲宽度调制，就是按照一定的规则和要求对一系列脉冲宽度进行调制，从而得到所需要的等效波形。因为控制过程常常要将脉冲波形斩切为若干段，因此形象地称这种控制技术为斩波控制技术。这种技术控制灵活，可以在很高的频率下工作，同时能有效地抑制谐波和各种干扰。

PWM 控制技术应用于各种类型的电力控制与变换电路中，对逆变电路的影响最为深刻。PWM 控制技术在逆变电路中的应用过程不断发展成熟，现在应用的逆变电路绝大多数是 PWM 控制型的。

PWM 控制技术可以极其有效地进行谐波抑制，在频率、效率各方面有着明显的优点，能使逆变电路的技术性能与可靠性得到明显的提高。在采用 PWM 方式构成的逆变电路中，PWM 控制技术是在周期不变的条件下，利用改变脉冲波形的宽度（常用占空比表示）或将脉冲波形斩切为若干段，来达到抑制谐波的目的。由于逆变电路的输入为固定不变的直流电压，可以通过 PWM 控制技术在同一逆变电路中既实现调压又实现调频。这种逆变器只有一个可控的功率级，简化了主电路和控制电路的结构，因而体积小、重量轻、可靠性高，又因为集调压、调频于一身，所以调节速度快、系统的动态响应好。

采用 PWM 控制技术不仅能提供较好的逆变器输出电压和电流波形，而且提高了逆变器对交流电网的功率因数。

2. SPWM 控制技术的基本原理

在窄脉冲下，只要窄脉冲面积相等而无论其形状如何，施加于惯性环节上的效果基本相同，即输出响应波形基本相同。上述原理称为面积等效控制原理，它是控制理论的重要结论，也是 PWM 的理论基础。

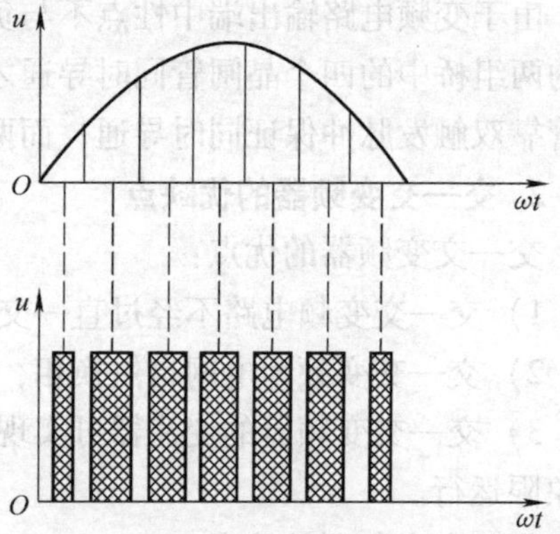

图 5-10 SPWM 波原理

实际中应用最多的是正弦 PWM（简称 SPWM），即用一系列等幅不等宽的脉冲来代替正弦波。对 SPWM 可以作这样的理解：如图 5-10 所示，将一个正弦波的正半周划分为 N 等份（图中 $N=7$），每一等份的正弦波形下的面积可用一个与该面积相等的矩形来代替，于是正弦波的正半周所

包围的面积可用这 N 个等幅不等宽的矩形脉冲面积之和来等效。

在正弦波的正半周可以看成在每半个周期内输出若干个宽窄不同的矩形脉冲波，每一矩形波的面积近似对应正弦波各相应局部波形下的面积。根据面积等效原理，PWM 波形和正弦波正半周是等效的，这些宽窄不同的矩形脉冲波就是一种 PWM 波形。对于正弦波的负半周也可以用同样的方法得到 PWM 波形。这种脉冲的宽度按正弦规律变化而与正弦波等效的 PWM 波形，称 SPWM 波形。显然若要改变正弦波的幅值，只要按照同一比例改变上述各脉冲的宽度即可。

实际上，SPWM 波形可分为等幅 SPWM 波形和不等幅 SPWM 波形两种。在直流变换电路中，其 SPWM 波都是由直流电源产生，直流电源的幅值基本恒定，所以 SPWM 波形是等幅的。而在交流调压电路中，其输入电源是正弦交流电，因此得到的 SPWM 波形是不等幅的。但无论是等幅 SPWM 波形还是不等幅 SPWM 波形，都是基于面积等效原理来进行控制的。

5.3.2　SPWM 逆变电路的控制方法

为了弄清 SPWM 控制方法，首先讨论 SPWM 波形的形成方法及有关控制方式分类，然后以电压型 SPWM 逆变电路为例具体讨论这种控制方法。

1. SPWM 波形控制方法

形成 SPWM 波形的方法有计算法和调制法等多种。计算法是各矩形脉冲的宽度和间隙用理论计算得出，按照计算结果控制逆变电路中各开关器件的通断，得到所需要的 SPWM 波形。这种方法较繁琐。

实际应用中常用调制法。所谓调制法是把希望输出的波形作为调制信号，把接受调制的信号作为载波，通过信号的调制控制矩形脉冲的宽度和间隙，得到所期望的 SPWM 波形。通常采用等腰三角形或锯齿波作为载波，用正弦调制波和三角形载波相比较的方式来确定脉冲宽度和间隙，这就是 SPWM 波形调制法。

控制方法也可分为多种类型。从实现的途径可分为硬件电路和软件编程两种类型，从工作原理上则可按调制脉冲的极性关系分为单极性控制和双极性控制，按控制波与载波间的频率关系分为同步控制方式和异步控制方式。

（1）单极性控制 SPWM　所谓单极性控制是指在输出波形的半个周期内，逆变器同一桥臂中的两个开关器件只有一个处于不断切换的开关状态，另一个则始终处于关断状态。因此，输出波形在任何半周期内始终为一个极性，图 5-11 所示为单极性控制方式的 SPWM 波形，载波信号 u_T 采用单极性等腰三角形波，控制信号 u_C 为正弦波形，利用倒相信号 u_X 来处理二者间的配合关系。

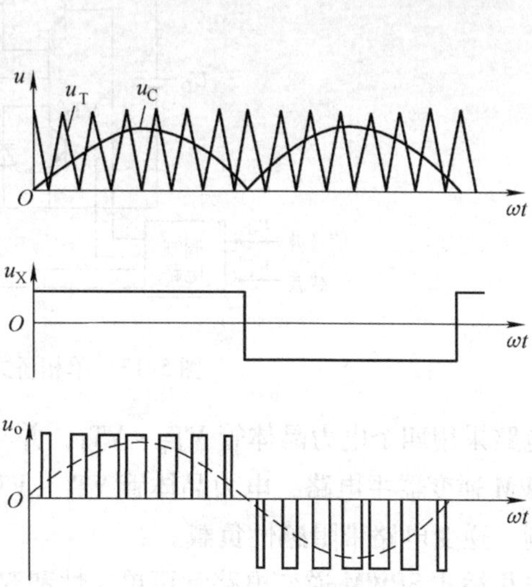

图 5-11　单极性控制方式的 SPWM 波形

当 $u_C > u_T$ 时，器件导通；当 $u_C < u_T$ 时，器件关断，形成的调制波是等幅、等距但不等宽的脉冲系列，经半波倒相后输

出。改变控制信号 u_C 的幅值时，调制波的脉冲宽度将随之改变，从而改变输出电压的大小。改变控制信号 u_C 的频率，则输出电压的基波频率也随之改变，这样就实现了既可调压又可调频的目的。

（2）双极性控制 SPWM　与单极性控制方式相对应的是双极性控制方式，双极性控制是指在输出波形的半周期内，逆变器同一桥臂中的两只器件均处于开关状态，但它们之间的关系是互补的，即通断状态彼此是相互交替的；这样输出波形在任何半周期内都会出现正、负极性电压交替的情况，故称为双极性控制，其波形如图 5-12 所示。

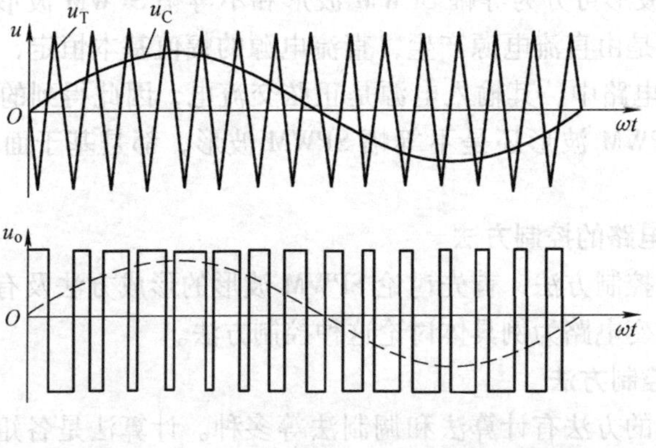

图 5-12　双极性控制方式的 SPWM 波形

与单极性控制方式相比，载波和控制波都变成了有正、负半周的交替方式，其输出矩形波也在任意半周中均出现正、负交替的情况。

2. 单相桥式 SPWM 逆变电路

SPWM 控制技术最为重要的应用场合之一是在逆变电路中，图 5-13 所示为采用电力晶体管作为开关器件的电压型单相桥式 SPWM 逆变电路。

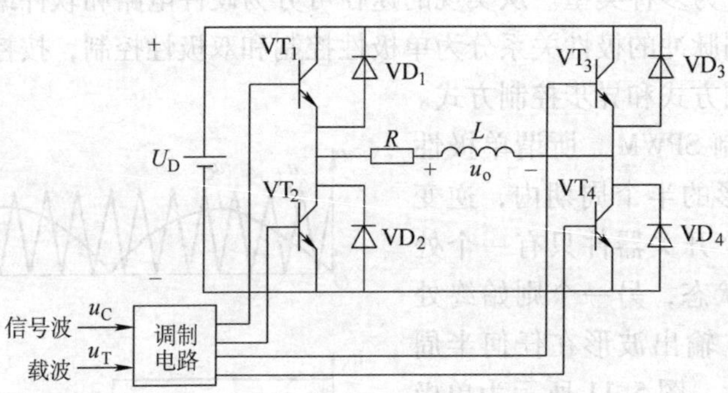

图 5-13　单相桥式 SPWM 逆变电路

电路采用四个电力晶体管 $VT_1 \sim VT_4$，并与每一晶体管并联一个续流二极管构成单相桥式 SPWM 逆变器主电路，电力晶体管 $VT_1 \sim VT_4$ 的通断和工作情况分别由调制电路的四路输出控制。逆变电路带阻感性负载。

单相桥式 SPWM 逆变电路常用单极性和双极性两种控制方式。

单极性控制方式的工作过程如下：在正半周，电力晶体管 VT_1 一直保持导通，VT_4 交替通断，在 VT_1 和 VT_4 导通期间，负载上所加的电压为直流电源电压 U_D。当 VT_1 导通、VT_4 关断后，由于阻感性负载中电流不能突变，负载电流将通过二极管 VD_3 续流，负载上所加电压为零。如负载电流较大，那么直到 VT_4 再一次导通之前，VD_3 一直持续导通。如负载电流较快地衰减到零，在 VT_4 再一次导通之前，负载电压也一直为零。这样负载上的输出电压 u_o 就可得到零和 U_D 交替的两种电平。同样，在负半周，让电力晶体管 VT_3 保持导通，电力晶体管 VT_2 导通时，负载上所加的电压为直流负电压 $-U_D$；当 VT_2 关断时，VD_1 续流，负载上所加电压为零。负载输出电压 u_o 可得到零和 $-U_D$ 交替的两种电平。这样，在一个周期内，逆变器输出的 SPWM 波形就由 $\pm U_D$ 和零三种电平组成。

控制 VT_4 和 VT_2 通断的方法如图 5-11 所示，载波信号 u_T 在调制信号波 u_C 的正半周为正极性的三角波，在负半周为负极性的三角波，调制信号 u_C 为正弦波。在 u_T 和 u_C 的交点时刻，控制晶体管 VT_4 和 VT_2 的通断，在 u_C 的正半周，VT_1 一直保持导通，当 $u_C > u_T$ 时 VT_4 保持导通，负载上的输出电压 $u_o = U_D$，当 $u_C < u_T$ 时 VT_4 关断，$u_o = 0$；在 u_C 的负半周，VT_1 关断，VT_3 保持导通，当 $u_C < u_T$ 时 VT_2 导通，$u_o = -U_D$，当 $u_C > u_T$ 时 VT_2 关断，$u_o = 0$。这样，就得到了 SPWM 波形 u_o。

上述是单极性 SPWM 控制方式的工作情况，采用双极性控制方式的 SPWM 波形如图 5-12 所示。在双极性控制方式中，u_C 的半个周期内，三角波载波是在正、负两个方向变化的，所得到的 SPWM 波形也是在正、负两个方向变化的。在 u_C 的一个周期内，输出的 SPWM 波形只有 $\pm U_D$ 两种电平，仍然在载波信号 u_T 与调制信号波 u_C 的交点时刻控制开关器件晶体管的通断，在 u_C 的正负半周对各开关器件的控制规律相同。当 $u_C > u_T$ 时，给 VT_1、VT_4 以导通信号，给 VT_2、VT_3 以关断信号，输出电压 $u_o = U_D$。当 $u_C < u_T$ 时，给 VT_2、VT_3 以导通信号，给 VT_1、VT_4 以关断信号，输出电压 $u_o = -U_D$。这样，就得到了 SPWM 波形 u_o。这是双极性 SPWM 控制方式的工作情况。

本章小结

本章主要介绍了交流调压电路、交—交变频电路的构成与应用以及脉宽调制的基本原理。

1. 交流调压电路只改变电路的电压和电流，不改变交流电路的频率。通过改变反并联晶闸管或双向晶闸管的触发延迟角 α，就可方便地实现交流调压。当所需功率较大时，采用三相交流调压电路。

2. 当交流调压电路为阻感性负载时，若触发延迟角与负载阻抗角的关系为 $\alpha > \varphi$ 时，负载可得到连续可调的交流电压，但电流随 α 增大，断续现象越来越严重；当 $\alpha = \varphi$ 时，晶闸管工作于全导通状态，电路失去调压作用；当 $\alpha < \varphi$ 时，若脉冲宽度不够则会出现输出波形丢失现象，产生较大的直流分量，引起过电流而损坏设备。所以交流调压电路必须采用宽脉冲或脉冲列触发。

3. 交—交变频电路既可改变电路的电压和电流，又可改变交流电路的频率，但其输出电压的频率只能低于电源电压的频率，故其只适用于低速电力拖动中。通过调节变频电路的触发延迟角 α 可改变直流输出电压的幅值；按正弦规律调整 α 角，使其在半个周期内，按正弦规律从 90°→0→90°，即可使负载得到半波正弦交流电压，在另外半个周期，用同样的方法调节反组变流器的 α 角，即可得到交流负半周波形。

4. SPWM 控制是对脉冲的宽度进行调制的技术，就是通过对一系列脉冲的宽度按照一定的规则和要求进行调制，来等效地得到所需要的波形。

5. SPWM 控制技术在逆变电路中的应用最具代表性。可以说，正是由于 PWM 控制技术在逆变电路中的广泛而成功的应用，才奠定了 PWM 控制技术在电力电子技术中的突出地位。

本章实训　单相交流调压电路

1. 实训目的

（1）熟悉单相交流调压电路的工作原理，掌握接线和调试方法。

（2）观察带电阻性负载与阻感性负载时的输出电压、电流波形，了解其相控特性。

（3）理解交流调压电路带阻感性负载时其触发延迟角 α 限制在 $\varphi \leqslant \alpha \leqslant 180°$ 的意义。

2. 相关知识

（1）交流调压的基本原理和方法。

（2）交流调压电路带阻感性负载时的触发延迟角 α。

3. 实训说明

本实训采用 KC06 集成移相触发器双向晶闸管交流调压电路。

触发电路主要由集成移相触发器 KC06 构成，如图 5-14 所示。在交流电源电压的负半周（上负下正），电源电压经 R_2、VD 加到 KC06 的 1 端，由内部产生大于 12V 的直流电源，同时对 C_4 充电。在交流电源正半周时，由 C_4 提供给电路直流工作电源。交流电源电压经 R_1 送到 KC06 的 15 端同步端。当交流电压过零时，C_1 充电至 8V 左右，当交流电压过零结束时，C_1 恒流放电形成线性下降的锯齿波。锯齿波下降斜率由 RP_1 调节。锯齿波与 6 端引入的移相控制电压进行比较放大，经由 R_5、C_2 组成的微分电路，并经内部功率放大后，在 9 端得到一定宽度的移相脉冲，其脉冲宽度由 R_5、C_2 决定。9 端的带负荷能力为 200mA。触发延迟角 α 由 RP_2 调节。

4. 实训仪器设备

（1）双向晶闸管 1 只。

（2）KC06（KJ06）移相触发电路板 1 块，电感线圈（L）1 只。

（3）负载变阻器（R_L =200Ω，1A）1 只。

（4）双踪示波器 1 台。

5. 实训电路（见图 5-14）

电路元器件清单：

R_1（51kΩ），R_2（10kΩ），R_3（100kΩ），R_4（30kΩ），R_5（47kΩ），R_6（27kΩ），R_7（39kΩ），R_8（66kΩ），RP_1（22kΩ），RP_2（100kΩ），C_1（0.47μF），C_2（0.01μF），C_3（0.1μF），C_4（100μF），VD（2CZ82C），VT（KP5－5）。

6. 实训内容及步骤

（1）双向晶闸管检测

1）测量 T_2 极。

用万用表 R×1 挡分别测某一脚对其另外两脚的电阻，当测得的正、反向电阻均为无穷大时，则该脚即为 T_2 脚。

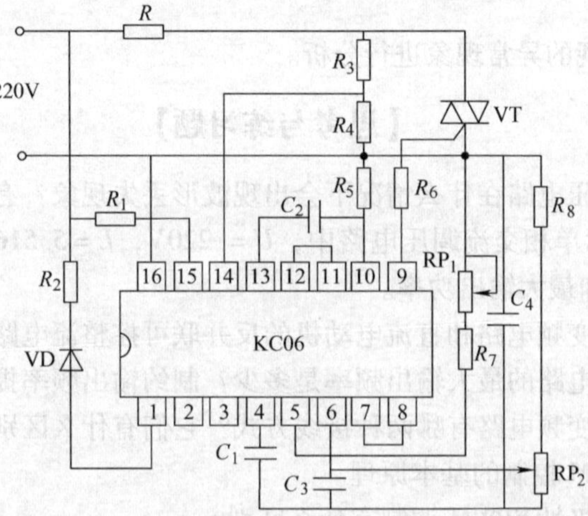

图5-14 实训电路

2）测量 T_1 与G极。

① 在确定 T_2 的基础上，假定某极为 T_1，另一极为G。

② 黑表笔接 T_1，红表笔接 T_2，电阻为无穷大；黑表笔接 T_1 不动，红表笔将 T_2、G短路，电阻约10Ω，证明管子已导通，导通方向为 $T_1 \rightarrow T_2$；将红表笔与G断开，若电阻保持不变，证明管子已维持导通。

③ 红表笔接 T_1，黑表笔接 T_2，红表笔接 T_1 不动，黑表笔将 T_2、G短路，电阻约10Ω，证明管子已导通，导通方向为 $T_2 \rightarrow T_1$。

测出结果若如上所述，说明假定是正确的，否则需重新假定，重新测试。

（2）移相测试　按图5-14接线，用示波器观察触发电路输出脉冲的移相情况。

（3）电阻性负载测试

主电路接电阻性负载。用示波器观察并记录 $\alpha=0$、30°、60°、90°、120°、150°时输出电压 u_o、输出电流 i_o 与晶闸管两端电压 u_{VT} 的波形，并测出负载电压的有效值。

（4）阻感性负载测试　主电路接电阻与电感串联的阻感性负载。

1）设定触发延迟角 $\alpha=60°$，调节负载电阻（在100~200Ω之间），观察不同阻抗角 φ 时的输出电压波形。

2）设定负载阻抗角 $\varphi=60°$，分别观察并记录 $\alpha>\varphi$、$\alpha<\varphi$、$\alpha=\varphi$ 时输出电压和输出电流的波形。

实训用电感可用电动机励磁绕组、平波电抗器或单相自耦调压器等代替，用调压器可方便地调节电感 L 值。

注意：当 $\alpha<\varphi$ 时，会出现较大的直流分量，此时可增大电感和电阻，使其既满足阻抗角的要求，又不致使直流分量电流太大。

7. 实训报告要求

（1）绘制带电阻性负载 $\alpha=60°$时输出电压波形、晶闸管两端电压波形，并记录电压有效值。

（2）绘制带阻感性负载（阻抗角 $\varphi=60°$）时，在 $\alpha>\varphi$、$\alpha<\varphi$、$\alpha=\varphi$ 时输出电压和电

流的波形。

（3）对实训中出现的异常现象进行分析。

【思考与练习题】

5.1　单相交流调压电路在什么情况下会出现波形丢失现象？有何危害？如何避免？

5.2　图5-3a所示单相交流调压电路中，$U=220V$，$L=5.516mH$，$R=1\Omega$，试求触发延迟角 α 的移相范围和最大输出功率。

5.3　单相交—交变频电路和直流电动机的反并联可控整流电路有何不同？

5.4　交—交变频电路的最大输出频率是多少？制约输出频率提高的因素是什么？

5.5　三相交—交变频电路有哪两种接线方式？它们有什么区别？为什么？

5.6　试说明SPWM控制的基本原理。

5.7　单极性和双极性SPWM调制有什么区别？

第6章　变频器应用

变频调速是通过改变电动机定子供电频率来改变同步转速，从而实现交流电动机调速的一种方法。变频调速的调速范围宽、平滑性好，具有优良的动态和静态特性，是一种理想高效的调速手段。

交流电动机进行变频调速，过去大多采用旋转变频发电机组提供变频电源，但这些变频电源设备庞大、可靠性差。随着晶闸管及各种大功率电力电子器件如GTR、GTO、MOS、IGBT等的出现，用这些电力电子器件组成的将工频电源变换为可以改变频率的变频电源装置，就是变频器。

6.1　变频器简介

6.1.1　变频器类型及特点

变频器按其装置的结构形式分为交—交变频器和交—直—交变频器。

1. 交—交变频器

交—交变频器又称直接变频器。它是把某一恒压恒频的交流电直接变换成电压和频率都可调的交流电。其特点是一次换能，效率较高，特别适用于低速大功率拖动。但变频器的器件数量较多，电网功率因数较低，输出最高频率也只为电网频率的1/3~1/2。

2. 交—直—交变频器

交—直—交变频器又称为间接变频器。它是把某一恒压恒频的交流电先经变流器整流成直流电，然后再经逆变器将此直流电变换成电压和频率都可调的交流电。交—直—交变频器的器件数量少，频率调节范围宽，采用SPWM调制方式，功率因数高，可用于各种电力拖动装置、稳频稳压电源和不间断电源。但需要经过两次换能，效率略低。

交—直—交变频器又分为电压型和电流型。电压型交—直—交变频器的中间直流环节主要采用大容量电容滤波，直流电压波形比较平稳，在理想情况下是一种内阻抗为零的恒压源，故称为电压型变频器，用于多电动机拖动和稳频稳压电源等。电流型交—直—交变频器的中间直流环节采用大电感滤波，直流电流波形比较平稳，对负载来说基本上是一个恒流源，故称为电流型变频器，用于单电动机拖动和可逆拖动等。

3. 常见变频器

各厂家生产的变频器品种较多，不同的变频器能够处理的电源功率是不一样的，从几瓦到几兆瓦。常见的变频器有西门子的MM400、6SE6400系列等，三菱的FR－E540、FR－F540、FR－A740、FR－E740系列等，ABB的ASC550、ASC800系列等，施耐德的ATV11、21、31、61、71系列等，艾默生的EV800、EV1000、EV2000系列等，安川的F7、G7、V7系列等。

MM440变频器的外形如图6-1a所示。MM440变频器是用于控制三相交流电动机转速的变频器，为恒定转矩（CT）控制方式，额定功率范围从0.12~200kW，在可变转矩（VT）控制方式下可达到250kW。FR－E540变频器的外形如图6-1b所示。FR－E740系列变频器的外形如图6-1c所示。FR－E700系列变频器是用于控制三相交流电动机转速的变频器，其

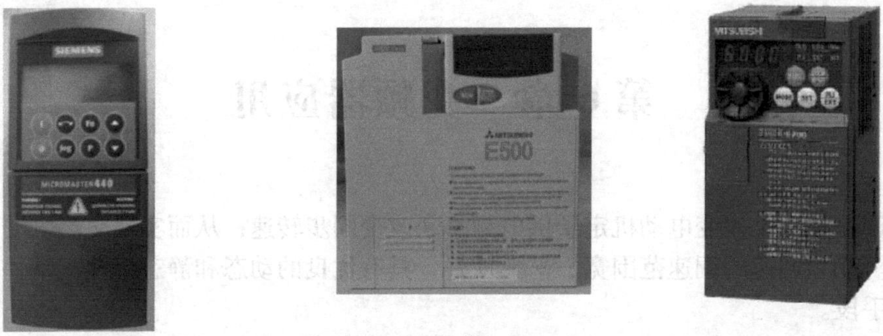

a) b) c)

图 6-1 变频器外形

额定功率范围从 0.4～15kW。

变频器一般都具有默认的工厂设置参数，它是数量众多的简单的电动机控制系统供电用理想变频驱动装置。由于变频器具有全面而完善的控制功能，在设置相关参数以后，它也可以用于更高级的电动机控制系统。

FR－E740 变频器的外表面上具有电源灯、报警灯、操作面板、制动电阻（安装在背面）、辅助盖板、选件接线口、前盖板、定额铭牌、容量铭牌、接线盖、PU 接口（具体有标准插座型转换接口、RS－485 电缆用接口）、标准插座型转换接口隔间、内置选件安装位置、控制电路端子排、主电路端子排等，7.5kW 以下变频器装有内置制动电阻。

6.1.2 变频器的连接电路

1. MM440 变频器的连接电路

MM440 变频器的连接电路分为两大部分：一部分是完成电能转换（整流、逆变）的主电路；另一部分是处理信息的收集、变换和传输的控制电路。MM440 变频器的接线图如图 6-2 所示。

（1）主电路　主电路是由电源输入单相或三相恒压恒频的正弦交流电压，经整流电路转换成恒定的直流电压，供给逆变电路。逆变电路在 CPU 的控制下，将恒定的直流电压逆变成电压和频率均可调的三相交流电供给电动机负载。主电路的接线端子如图 6-3a 所示。MM440 变频器直流环节是通过电容进行滤波的，因此属于电压型交—直—交变频器。

（2）控制电路　控制电路是由 CPU、模拟输入、模拟输出、数字输入、输出继电器触点、操作板等组成，控制电路接线端子排列如图 6-3b 所示。

在图 6-3b 中，端子 1、2 是变频器为用户提供的 10V 直流稳压电源。当采用模拟电压信号输入方式输入给定频率信号时，为了提高交流变频调速系统的控制精度，必须配备一个高精度的直流稳压电源作为模拟电压输入的直流电源。MM440 变频器端子 1、2 为用户提供了一个高精度的直流电源。

模拟输入端子 3、4 和 10、11 为用户提供两对模拟电压给定输入端作为频率给定信号，经变频器的模/数转换器将模拟量转换成数字量，并传输给 CPU 来控制系统。

数字输入端子 5、6、7、8、16、17 为用户提供了六个完全可编程的数字输入端，数字输入信号经光耦隔离输入 CPU，对电动机进行正反转、正反向点动、固定频率设定值控制等。

输入端子 9、28 是 24V 直流电源输入端，用户需要为变频器控制电路提供 24V 直流电源。

输入端子 14、15 为电动机过热保护输入端；输入端子 29、30 为 RS－485（USS－协议）端。

输出端子 12、13 和 26、27 为两对模拟输出端；输出端子 18、19、20、21、22、23、24、25 为输出继电器的触点。

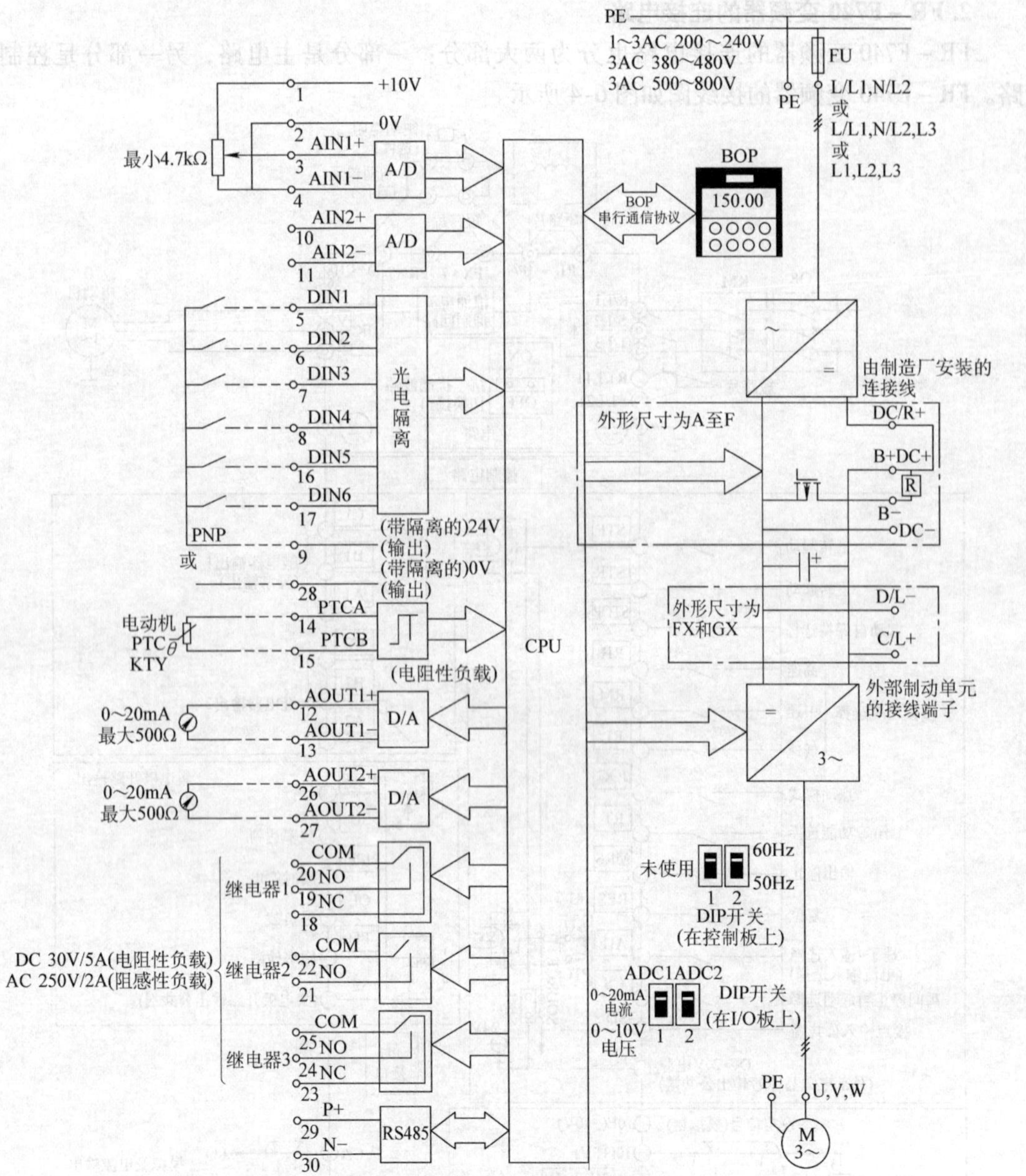

图6-2 MM440变频器的接线图

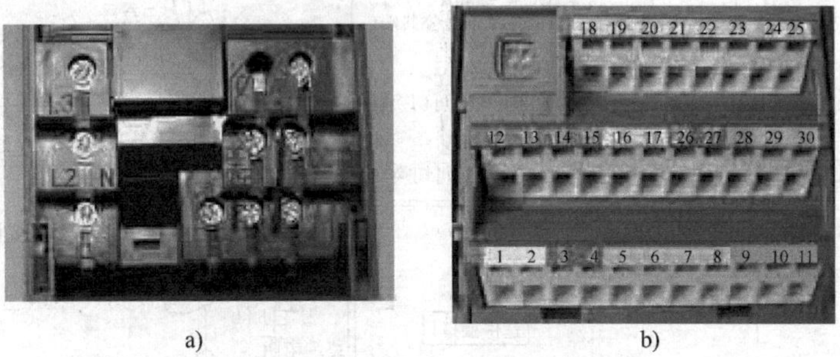

图6-3 MM440变频器的接线端子

a）主电路接线端子 b）控制电路接线端子

2. FR－E740 变频器的连接电路

FR－E740 变频器的连接电路也分为两大部分：一部分是主电路，另一部分是控制电路。FR－E740 变频器的接线图如图 6-4 所示。

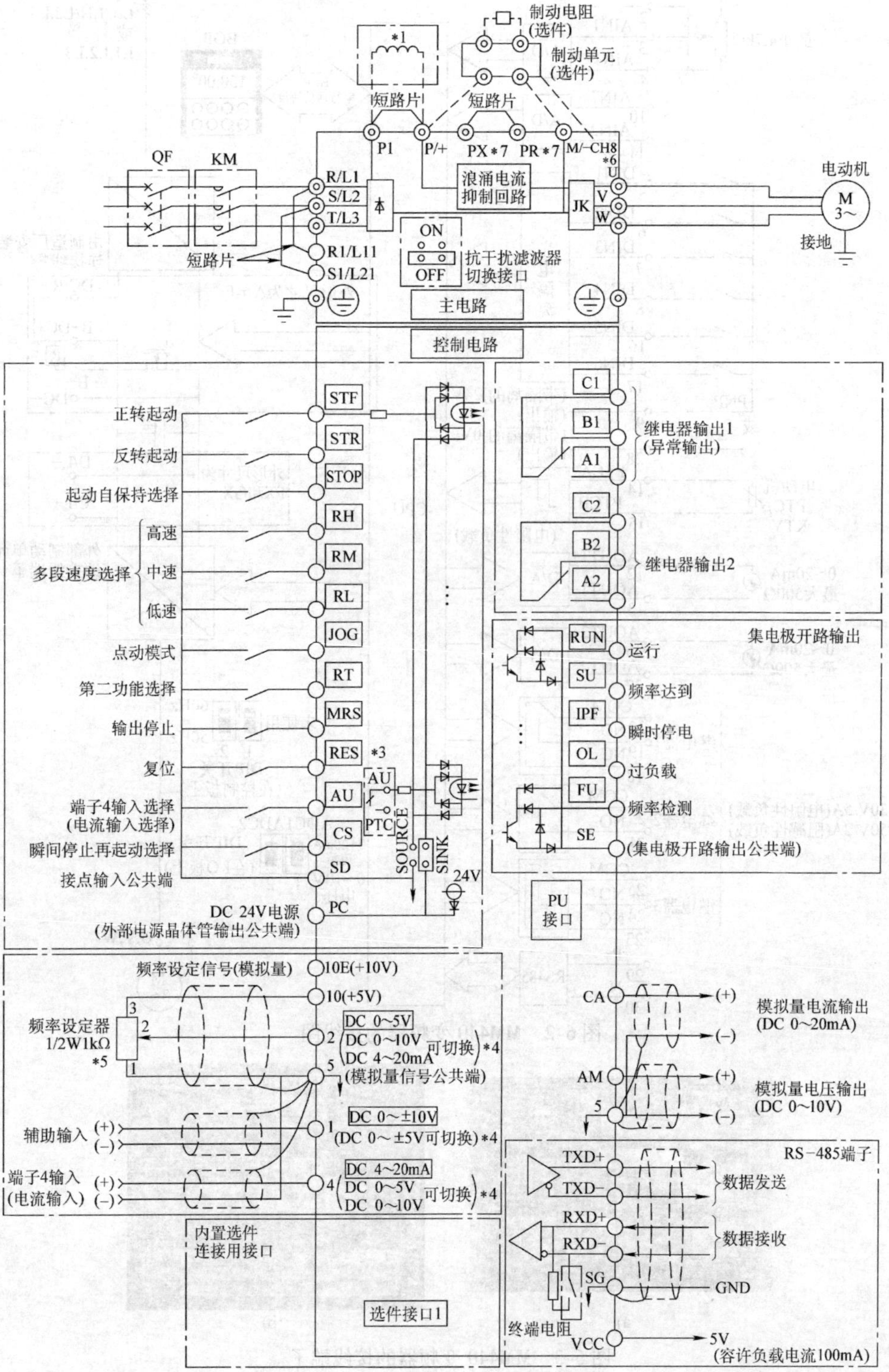

图 6-4 FR－E740 变频器的接线图

（1）主电路端子排列　FR－E740 变频器的主电路是由电源输入单相或三相恒压恒频的正弦交流电压，经整流电路转换成恒定的直流电压，供给逆变电路。逆变电路在 CPU 的控制下，将恒定的直流电压逆变成电压和频率均可调的三相交流电供给电动机负载。主电路接线端子排列如图 6-5a 所示。主电路端子说明见表 6-1。

表 6-1　主电路端子说明

端子记号	端子名称	说　明
L1，L2，L3	电源输入	连接工频电源。当使用高功率因数整流器时，不要接任何东西
U，V，W	变频器输出	接三相笼型电动机
+，PR	连接制动电阻	在端子 + 和 PR 之间连接选件制动电阻
+，－	连接制动单元	连接选件制动单元或高功率因数整流器
+，P1	连接改善功率因数的 DC 电抗器	拆开端子 + 和 P1 间的短路片，接选件改善功率因数用直流（DC）电抗器
⏚	接地	变频器外壳接地用，必须接大地

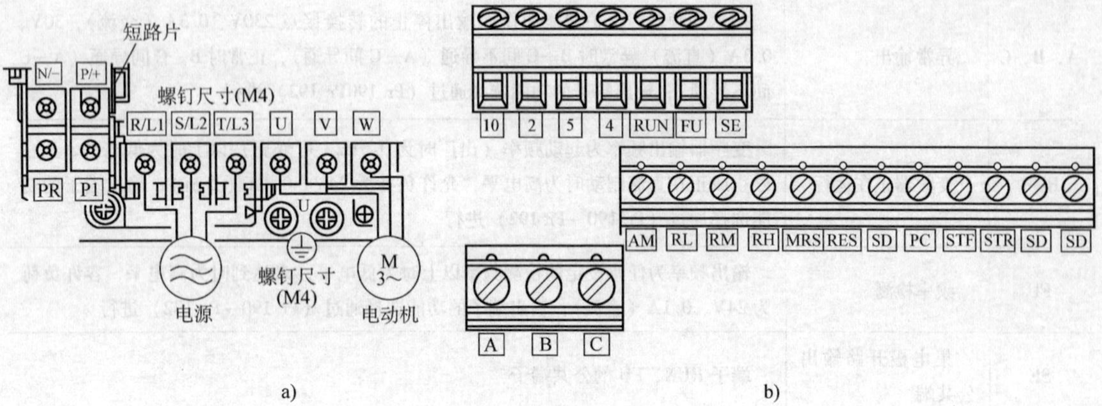

图 6-5　FR－E740 变频器的接线端子图
a）主电路接线端子　b）控制电路接线端子

（2）控制电路端子排列　FR－E740 变频器的控制电路是由 CPU、模拟输入、模拟输出、数字输入、输出继电器触点、操作板等组成，控制电路接线端子排列如图 6-5b 所示。控制电路端子说明见表 6-2。

表 6-2　控制电路端子说明

端子记号	端子名称	说　明
STF	正转起动	STF 信号 ON 时正转，OFF 时停止；当 STF 和 STR 信号同时 ON 时，相当于停止指令
STR	反转起动	STR 信号 ON 时为逆转，OFF 时停止；当 STF 和 STR 信号同时 ON 时，相当于停止指令
RH RM RL	多段速度选择	用 RH、RM 和 RL 信号的组合可以选择多段速度；选择 Pr. 180 ~ Pr. 183 用于改变多段速功能

（续）

端子记号	端子名称	说　明
MRS	输出停止	MRS 信号为 ON 20ms 以上时，变频器输出停止；用电磁制动停止电动机时，可断开变频器的输出
RES	复位	用于解除保护电路动作的保持状态，RES 信号处于 ON 0.1s 以上时有效
SD	输入公共端子（漏型）	输入端子的公共端，直流 24V、0.1A（PC 端子）电源的输出公共端
PC	电源输出和外部晶体管公共端接点输入公共端（源型）	当连接晶体管集电极开路输出时，例如可编程控制器，将晶体管输出用的外部电源公共端接到这个端子，可以防止因漏电引起的误动作；端子 PC 与 SD 之间可用于直流 24V、0.1A 电源输出
10	频率设定电源	5V（直流），容许负荷电流 10mA
2	频率设定（电压）	输入 0～5V（或 0～10V）时，5V（或 10V）对应于最大输出频率
4	频率设定（电流）	输入 4～20mA（直流）时，20mA 为最大输出频率
5	频率设定公共端	频率设定信号（端子 2、1 或 4）和模拟输出端子 AM 的公共端子，不要接地
A，B，C	异常输出	指示变频器因保护功能动作而输出停止的转换接点 230V、0.3A（交流），30V、0.3A（直流）异常时 B—C 间不导通（A—C 间导通），正常时 B—C 间导通（A—C 间不导通）；输出端子的功能选择通过（Pr. 190Pr. 192）进行
RUN	变频器正在运行	变频器输出频率为起动频率（出厂时为 0.5Hz，可变更）以上时为低电平，正在停止或正在直流制动时为高电平，允许负荷为 24V、0.1A（直流）；输出端子的功能选择通过（Pr. 190～Pr. 192）进行
FU	频率检测	输出频率为任意设定的检测频率以上时为低电平，未达到时为高电平，容许负荷为 24V、0.1A（直流）；输出端子的功能选择通过（Pr. 190～Pr. 192）进行
SE	集电极开路输出公共端	端子 RUN、FU 的公共端子
AM	模拟信号输出	从输出频率、电动机电流或输出电压中选择一种作为输出，输出信号与各监示项目的大小成比例；出厂设定的输出项目：频率容许负荷电流为 1mA，输出信号为 0～10V（直流）
	PU 接口	通过操作面板的接口，进行 RS－485 通信；遵守标准：EIA RS－485；通信方式：多任务通信，通信速率：最大 19200bit/s，最长距离：500m

6.2 变频器的安装、运行和操作

6.2.1 变频器的安装

1. 变频器的安装要求

为了使变频器能稳定地工作，发挥其所具有的性能，变频器在控制柜中应采用垂直安装，其周围环境要满足电气标准对变频器的规定值。FR－E740 变频器的安装空间如图 6-6 所示。

变频器的外部是塑料制件，为了不造成破损，不要在前盖板上用力太大。安装在不易受振动的地方，要避免受到冲床等振动的影响。

周围温度对变频器的寿命影响很大，因此，安装场所周围的温度不能超过允许温度（-10~50℃）。变频器可能达到很高的温度（最高可达到大约150℃），必须安装在不可燃的表面上。避免太阳光直射高温和多湿的场所。在两台或两台以上变频器以及通风扇安装在一个控制柜内时，应正确地安装以确保变频器周围温度在允许值以内，如安装位置不正确会使变频器周围温度上升，降低通风效果。

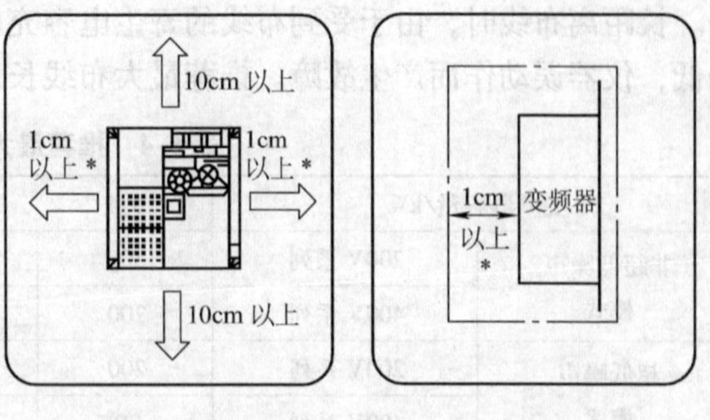

图 6-6 FR-E740 变频器的安装空间

要防止油雾等易燃性气体、棉尘和尘埃等漂浮在变频器的安装空间内，将变频器安装在清洁的场所或安装在可阻挡任何悬浮物质的封闭型屏板内。

2. 变频器的接线

各种变频器的接线有些差别，但基本接线原理是相同的，下面以 FR-E740 变频器为例，介绍变频器的接线方法。

（1）主电路的接线　FR-E740 变频器的主电路端子排如图 6-5a 所示。主电路接线，即电动机和电源的接线方法如图 6-7 所示。

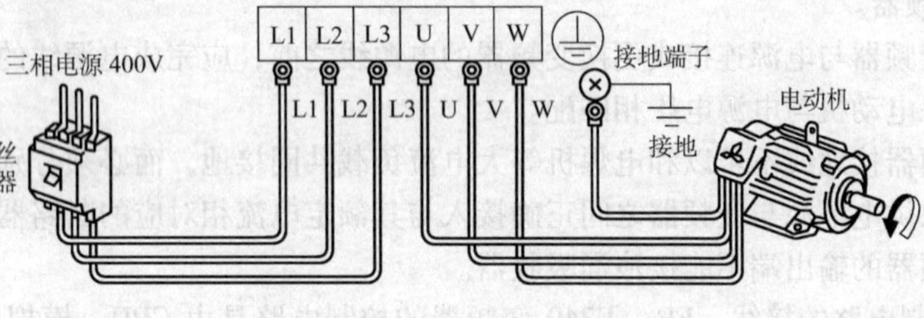

图 6-7 电动机和电源的接线方法

电源及电动机接线的压接端子要使用带有绝缘套管的端子，切勿把电源接到变频器输出端（U，V，W）上，否则将损坏变频器。

变频器的输入（L1，L2，L3）和输出（U，V，W）所用电缆（电缆必须是75℃铜线）及转矩见表6-3。

表 6-3 电缆截面积及转矩表

变频器容量/kW	HIV 电缆截面积/mm^2	PVC 电缆截面积/mm^2	端子螺钉	转矩/(N·m)
0.75	2	2.5	M4	1.5
1.5	2	2.5	M4	1.5
2.2	2	2.5	M4	1.5
3.7	2	2.5	M4	1.5
5.5	3.5	4	M4	1.5
7.5	3.5	4	M4	1.5

为使电压下降在2%以内，应选择适当型号的电缆接线。变频器和电动机间的接线距离较长时，特别是低频率输出情况下，会由于主电路电缆的电压下降而导致电动机的转矩下降。长距离布线时，由于受到布线的寄生电容充电电流的影响，会使快速响应电流限制功能降低，仪器误动作而产生故障。推荐最大布线长度见表6-4。

表6-4 推荐最大布线长度 （单位：m）

变频器容量/kW		0.4	0.75	1.5	2.2	3.7以上
非超低噪声模式	200V系列	300	500	500	500	500
	400V系列	200	200	300	500	500
超低噪声模式	200V系列	200	300	500	500	500
	400V系列	30	100	200	300	500

变频器输入/输出（主电路）包含有谐波成分，可能干扰变频器附近的通信设备（如AM收音机）。因此，为防止电磁波干扰，安装选件无线电噪声滤波器FR－BIF（仅用于输入侧），或FR－BSF01、FR－BLF线路噪声滤波器，使干扰降至最小。

在通电运行后，若要改变接线，必须在电源切断10min或更长时间之后，用万用表检查电压后才能进行。断电后的一段时间内，电容上仍然有危险的高压电。

在变频器与电动机和电源连接时，必须注意以下几点：

1）三相交流输入电源必须与主电路端子L1、L2、L3连接，绝对不能接U、V、W，否则会损坏变频器。

2）在变频器与电源连接或更换变频器的电源线之前，应完成电源线的绝缘测试。

3）确保电动机与电源电压相匹配。

4）变频器接地线不可以和电焊机等大电流负载共同接地，而必须分别接地。

5）确保供电电源与变频器之间正确接入与其额定电流相对应的断路器、熔断器。

6）变频器的输出端不能接浪涌吸收器。

（2）控制电路的接线 FR－E740变频器的控制电路是由CPU、模拟输入、模拟输出、数字输入、输出继电器触点、操作板等组成。控制电路接线端子排列如图6-5b所示。控制电路端子说明见表6-2。

FR－E740变频器控制电路的接线要点如下：

1）剥开电缆的外皮进行控制电路的接线。电缆外皮的剥开长度为5～6mm，外皮剥开过长，会有与相邻线缆发生短路的危险；剥开过短，电缆可能会脱落。

2）旋松端子螺钉，将电缆插入端子。

3）紧固拧紧。如果没拧紧会导致电缆脱落或误动作。拧得过紧会损坏螺钉或单元，导致短路或误动作。紧固转矩为0.5～0.6N·m（端子A、B、C为0.22～0.25N·m）。

4）端子SD、SE以及端子5是输入、输出信号的公共端端子。不要将公共端端子接大地。

5）控制电路端子的接线应使用屏蔽线或双绞线，而且必须与主电路、强电电路分开接线。

6）由于控制电路的输入信号是微电流，所以在插入接点时，为了防止接触不良，微信号应使用两个以上并联的接点或使用双接点。

7）不要向控制电路的接点输入端子（例如STF）输入电压。

8）异常输出端子（A、B、C）上要接上继电器线圈或指示灯。

9）连接控制电路端子的电缆建议使用截面积为0.3～0.75mm² 的电缆。若使用截面积为1.25mm² 或以上的电缆，在接线数量多或者由于接线方法不当时，会发生前盖板松动、操作面板接触不良的情况。

10）接线要使用30m或以下长度的电缆。

（3）漏型逻辑和源型逻辑　漏型逻辑指信号输入端子有电流流出时信号为ON的逻辑，端子SD是接点输入信号的公共端端子，端子SE是集电极开路输出信号的公共端端子。源型逻辑指信号输入端子中有电流流入时信号为ON的逻辑，端子PC是接点输入信号的公共端端子，端子SE同漏型逻辑时一样，也是集电极开路输出信号的公共端端子。漏型、源型逻辑控制电路如图6-8所示。

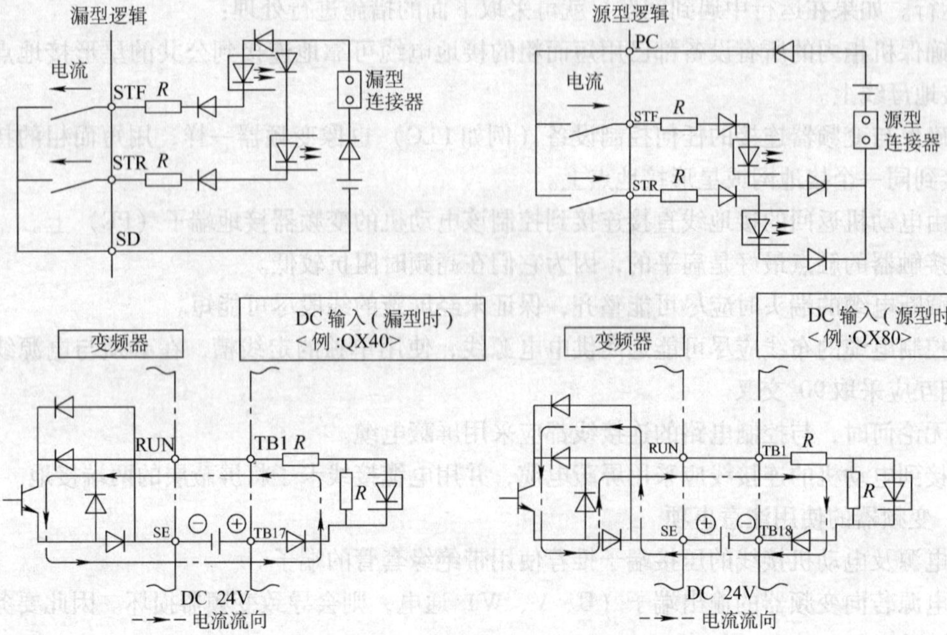

图6-8　漏型、源型逻辑控制电路

FR-E740变频器输入信号出厂设计为漏型逻辑。为改变逻辑控制必须切换控制电路端子排旁边的接口。切换的方法是将漏型逻辑接口处针插头，移到源型逻辑，如图6-9所示。接点的切换要在通电前进行。

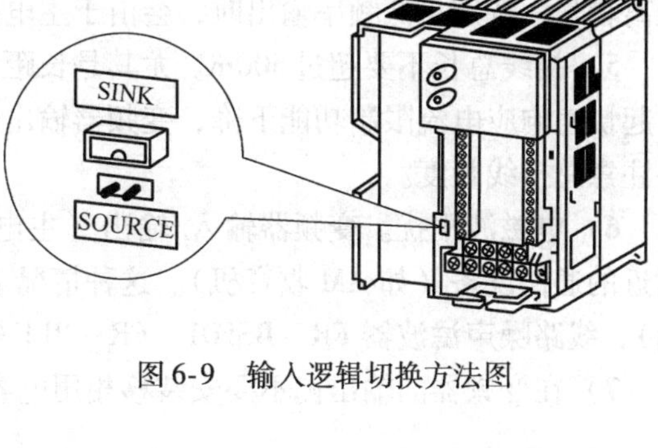

图6-9　输入逻辑切换方法图

（4）变频器输入侧接触器的连接　变频器输入侧接触器的连接如图6-10所示。

（5）电磁干扰的防护　变频器设计时

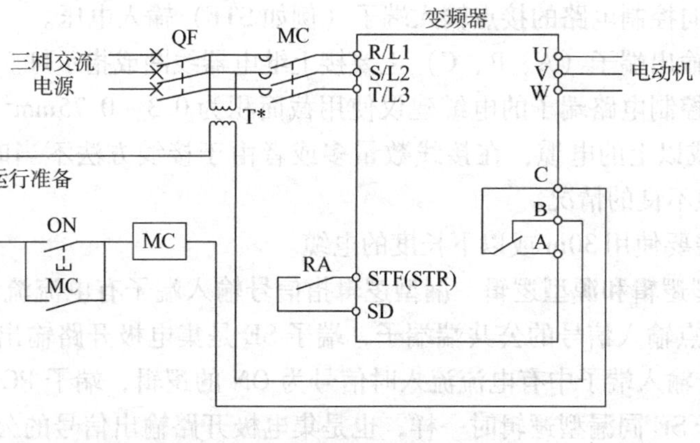

图6-10 变频器输入侧接触器的连接

允许其在具有很强电磁干扰的工业环境下运行。如果安装质量良好，就可以确保它安全和无故障地运行。如果在运行中遇到问题，就可采取下面的措施进行处理：

1）确保机柜内的所有设备都已用短而粗的接地电缆可靠地连接到公共的星形接地点或公共的接地母线上。

2）确保与变频器连接的任何控制设备（例如PLC）也像变频器一样，用短而粗的接地电缆连接到同一个接地网或星形接地点上。

3）由电动机返回的接地线直接连接到控制该电动机的变频器接地端子（PE）上。

4）接触器的触点最好是扁平的，因为它们在高频时阻抗较低。

5）截断电缆的端头时应尽可能整齐，保证未经屏蔽的线段尽可能短。

6）控制电缆的布线应尽可能远离供电电源线，使用单独的走线槽，在必须与电源线交叉时，相互应采取90°交叉。

7）无论何时，与控制电路的连接线都应采用屏蔽电缆。

8）接到电动机的连接线应采用屏蔽电缆，并用电缆接线卡子将屏蔽层的两端接地。

（6）变频器的使用注意事项

1）电源及电动机接线的压接端子推荐使用带绝缘套管的端子。

2）电源若向变频器的输出端子（U、V、W）通电，则会导致变频器损坏。因此要务必避免这种接线。

3）接线时勿在变频器内留下电缆切屑。电缆切屑可能会导致异常、故障、误动作发生。要保持变频器的清洁。在控制柜上钻安装孔时，勿使切屑粉掉进变频器内。

4）为使电压降在2%以内，要用适当规格的电缆进行接线。变频器和电动机间的接线距离较长，特别是低频率输出时，会由于主电路电缆的电压降而导致电动机的转矩下降。

5）接线总长不要超过500m。尤其是长距离接线时，由于寄生电容所产生的充电电流会引起快速响应电流限制功能下降，变频器输出侧连接的设备可能会发生误动作或异常，因此要注意总接线长度。

6）电磁波干扰。变频器输入/输出（主电路）包含有高次谐波成分，可能干扰变频器附近的通信设备（如AM收音机）。这种情况下安装无线电噪声滤波器FR－BIF（输入侧专用）、线路噪声滤波器FR－BSF01、FR－BLF等选件，可以将干扰降低。

7）在变频器的输出侧不要安装移相用电容器或浪涌吸收器、无线电噪声滤波器等。否则将导致变频器故障、电容器和浪涌抑制器的损坏。如上述任何一种设备已安装，要立即拆掉。

8）运行后若要进行接线变更等作业，应在切断电源10min并用测试仪测试电压后再进行。切断电源后一段时间内电容器仍然有高压电，非常危险。

9）变频器输出侧的短路或接地可能会导致变频器模块损坏。由于周边电路异常而引起的反复短路、接线不当、电动机绝缘电阻低而实施的接地都可能造成变频器模块损坏，因此在运行变频器前要充分确认电路的绝缘电阻。

在接通电源前要充分确认变频器输出侧的对地绝缘、相间绝缘。

使用特别旧的电动机或者使用环境较差时，要切实进行电动机绝缘电阻的确认。

10）不要使用变频器输入侧的电磁接触器起动/停止变频器。变频器的起动与停止要使用起动信号（STF、STR信号的ON、OFF）进行。

11）除了外接再生制动用放电电阻以外，P/+、PR端子不要连接其他设备，尤其是不要连接机械式制动器。另外，此间也绝对不能发生短路。

12）变频器输入、输出信号电路上不能施加超过容许电压以上的电压。如果向变频器输入、输出信号电路施加了超过容许电压的电压，极性错误时输入、输出元器件便会损坏。特别是要注意确认接线，确保不会出现速度设定用电位器连接错误、端子10－5之间短路的情况。

13）在有工频供电与变频器切换的操作中，要确保用于工频切换的MC1和MC2可以进行电气和机械互锁。除了误接线，有工频供电与变频器切换电路时，因切换时的电弧或顺序控制（顺控）错误造成的振荡等，将引起来自电源的电流损坏变频器。

14）需要防止停电后恢复通电设备再起动时，应在变频器输入侧安装电磁接触器，同时不要将顺控的起动信号为ON的状态。若起动信号（起动开关）保持ON状态，通电恢复后变频器将自动重新起动。

15）过负载运行的注意事项。变频器反复运行、停止的频率过高时，因大电流反复流过，变频器的晶体管器件会反复升温、降温，从而可能会因热疲劳导致寿命缩短。热疲劳的程度受电流大小的影响，因此减小堵转电流及起动电流可以延长变频器的寿命。虽然减小电流可延长寿命，但由于电流不足可能引起转矩不足，从而导致无法起动的情况发生。

16）要充分确认规格、额定值是否符合机器及系统的要求。

6.2.2 变频器的运行

变频器的运行需要设置频率指令与起动指令，下面以FR－E700系列为例说明变频器的运行。将起动指令设为ON后，电动机便开始运转，同时根据频率指令（设定频率）来决定电动机的转速。FR－E740变频器的运行流程如图6-11所示。

通电前要确认变频器是否已正确地安装在适当的位置，接线是否正确，电动机是否为无负载状态。

1. 变频器的面板按键和显示

通过操作面板可以完成变频器的运行、频率的设定、运行指令监视、参数设定、错误显示等操作。操作面板如图6-12所示。

面板的显示功能分为运行状态显示、运行模式显示和单位显示等。运行模式显示：PU亮灯为运行模式；EXT亮灯为外部运行模式；NET亮灯为网络运行模式。

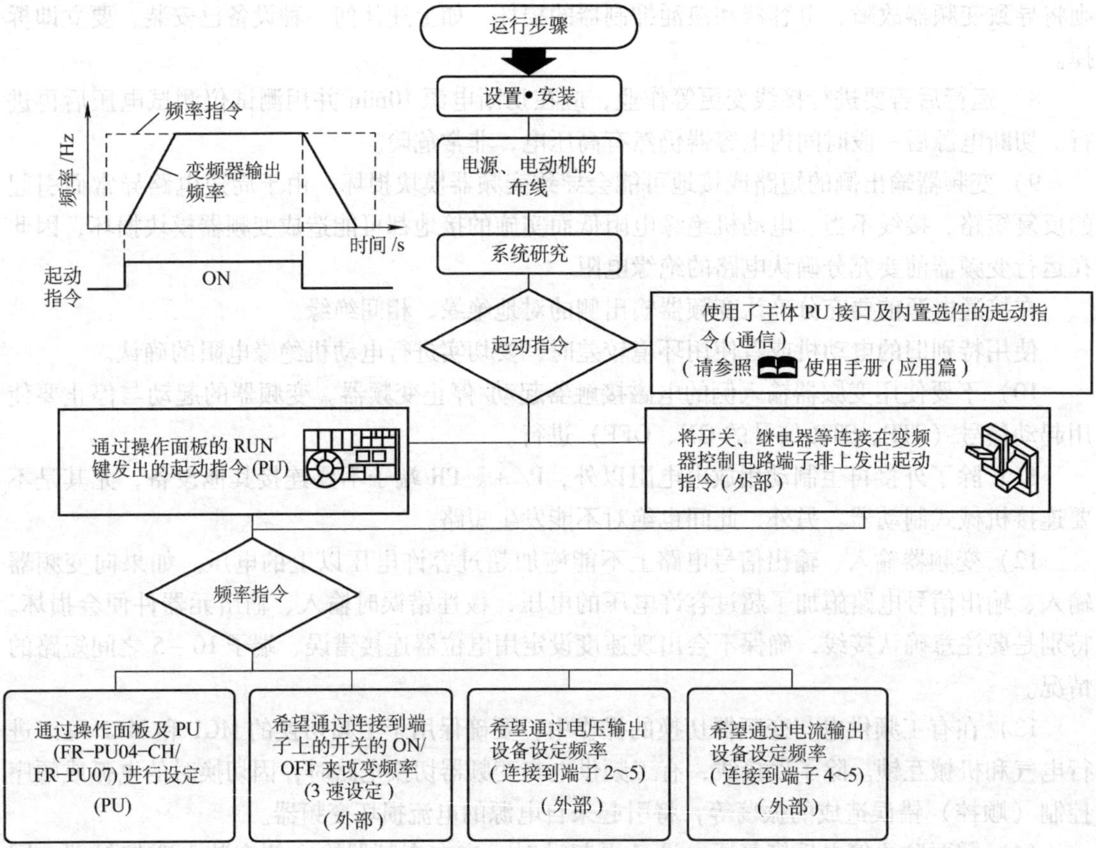

图 6-11 FR-E740 变频器运行流程图

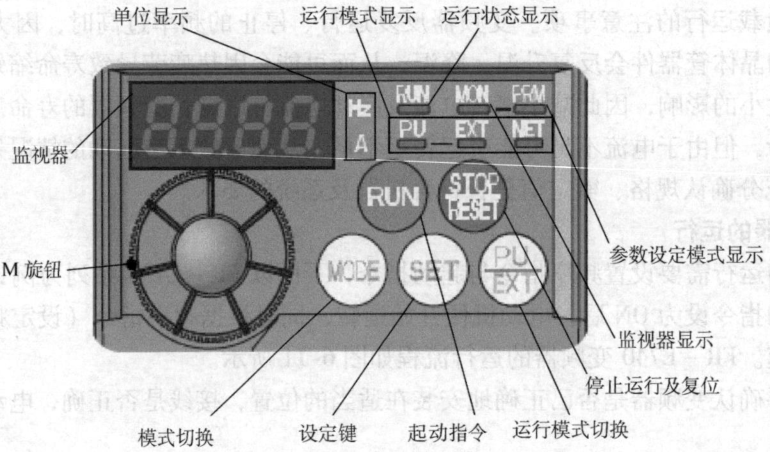

图 6-12 操作面板

1）单位显示。单位显示的 Hz 亮灯时显示为频率；A 亮灯时显示为电流，A 熄灯时显示为电压。

2）监视器。监视器为 4 位 LED，显示频率、参数编号等。

3）M 旋钮。M 旋钮用于变更频率、参数的设定值。该旋钮可显示的内容为：监视模式时的设定频率；校正时的当前设定值；错误历史模式时的顺序。

4）MODE 模式切换键。模式切换键用于切换各设定模式和运行模式，长按此键（2s）可以锁定操作。变频器在运行中按此键则监视器出现以下显示：

运行频率→输出电流→输出电压→运行频率。

5）SET 设定键。用于频率等各参数的设定。

6）RUN 起动指令键。通过参数编码 Pr. 40 的设定，可以选择旋转方向。

7）PU/EXT 运行模式切换键。用于切换 PU 运行模式、EXT 外部运行模式。使用外部运行模式（通过另接的频率设定旋钮和起动信号控制起动的运行）时按此键，使表示运行模式的 EXT 处于亮灯状态。切换至组合模式时，可同时按 0. 5s，或者变更参数 Pr. 79。

8）STOP/RESET 停止及复位键。用于停止运行和保护功能作用停止后复位变频器。

9）监视器显示。监视模式时亮灯。

10）参数设定模式显示。参数设定模式时亮灯。

11）运行状态显示。变频器动作中亮灯/闪烁。亮灯：正转运行中缓慢闪烁（1. 4s 循环）；反转运行中快速闪烁（0. 2s 循环）；按 RUN 键或输入起动指令都无法运行时；有起动指令，频率指令在起动频率以下时；输入了 MRS 信号时。

2. 变频器的面板操作方法

变频器面板基本操作方法如图 6-13 所示。在变频器面板上变频器参数只显示为 P. ，而不是 Pr. ，如 Pr. 79 在图中显示为 P. 79，其他参数都是如此。

3. 运行模式的选择

FR－E740 变频器可通过参数编码 Pr. 79 来完成运行模式的选择设定。Pr. 79 的初始值为“0”，这是 EXT/PU 切换模式。电源通电时为外部运行（EXT）模式，可通过 PU/EXT 键在两种模式之间切换。Pr. 79 为“1”时，是 PU 运行模式，RUN 键给出起动指令，M 旋钮给出频率指令；Pr. 79 为“2”时，是外部运行模式，外来起动指令，频率指令由模拟电压输入；Pr. 79 为“3”时，为 EXT/PU 组合运行模式 1，也是外来起动指令，但频率指令由 M 旋钮给出；Pr. 79 为“4”时，为 EXT/PU 组合运行模式 2，是由 RUN 键给出起动指令，但频率指令由模拟电压输入。

例如参数编码 Pr. 79－3 外部运行模式的设定方法如下：

1）接通电源时显示的监视器画面如图 6-14a 所示。

2）同时按住 PU/EXT 运行模式和 MODE 模式切换键 0. 5s，画面如图 6-14b 所示。

3）旋转 M 旋钮，将显示值设定为 79－3，如图 6-14c 所示。

4）按 SET 设定键确定，如图 6-14d 所示。

4. 操作锁定

为了防止参数变更、意外起动或停止，可通过操作锁定使操作面板的 M 旋钮、键盘操作无效。首先将参数编码 Pr. 161 设置为“10”或“11”，然后按住 MODE 键 2s 左右，操作面板会显示“HOLD”字样，此时 M 旋钮与键盘操作均变为无效。此时若旋转 M 旋钮或者进行键盘操作将显示“HOLD”（2s 之内无 M 旋钮及键盘操作时则回到监视画面）。操作锁定的步骤如下：

1）接通电源时显示的监视器画面如图 6-15a 所示。

2）按 PU/EXT 运行模式进入 PU 模式，显示如图 6-15b 所示。

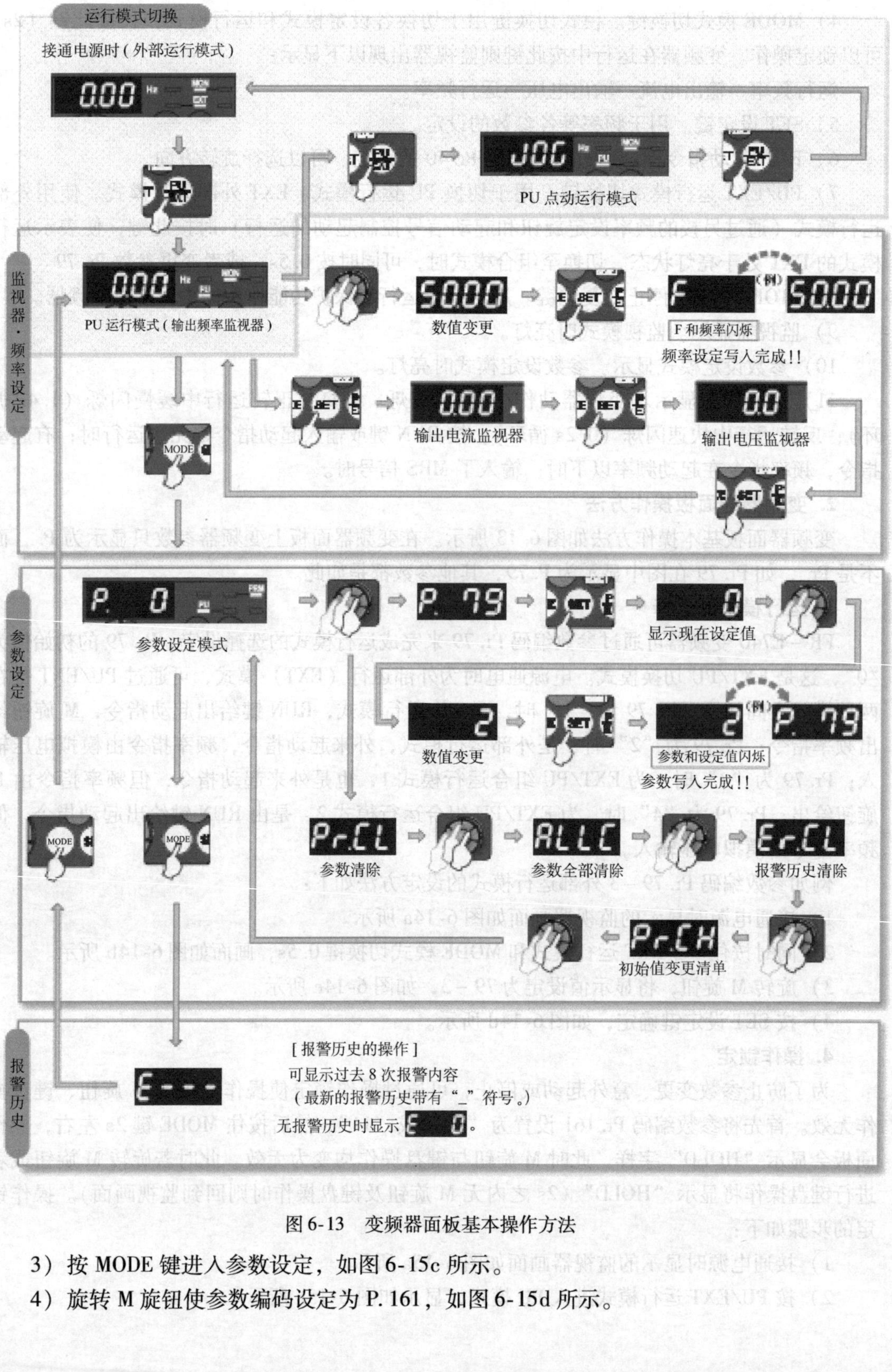

图6-13 变频器面板基本操作方法

3）按MODE键进入参数设定，如图6-15c所示。

4）旋转M旋钮使参数编码设定为P. 161，如图6-15d所示。

5）按 SET 键，读取当前的设定值为“0”（初始值），如图 6-15e 所示。

6）旋转 M 旋钮，将此值设定为“10”，如图 6-15f 所示。

7）按 SET 键确定，如图 6-15g 所示。

8）按 MODE 键 2s 左右，进入键盘锁定模式，出现 HOLD 显示，如图 6-15h 所示。

如果想再次使 M 旋钮与键盘操作有效，按住 MODE 键 2s 左右。

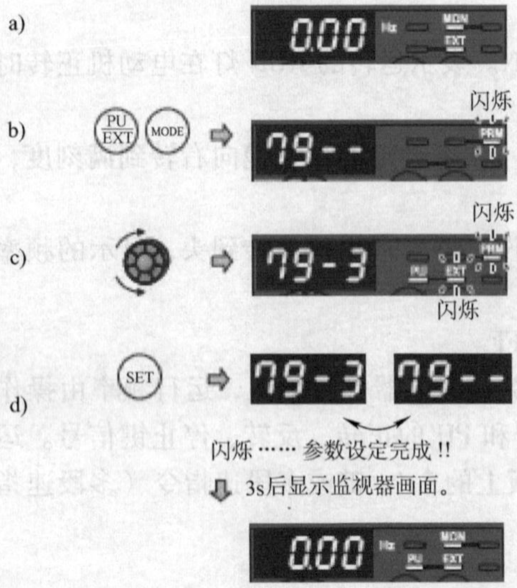

图 6-14 变频器简单设定模式

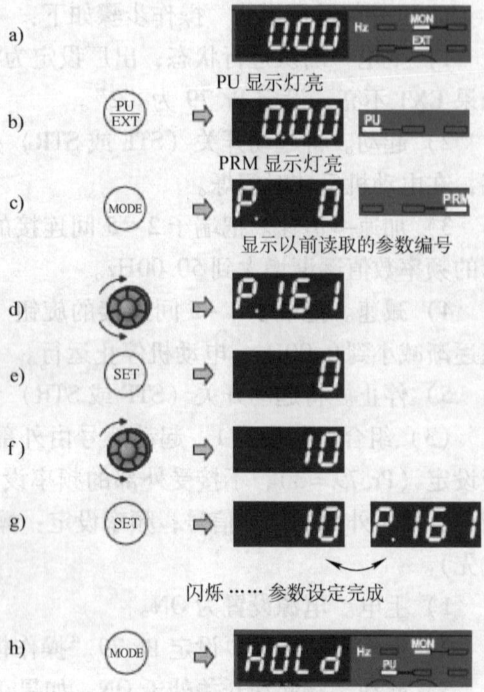

图 6-15 变频器操作锁定模式

5. 监视输出电流和输出电压

在监视模式中，按 SET 键可切换输出频率、输出电流、输出电压的监视器显示，操作步骤如下：

1）运行中按 SET 键，使监视器显示频率，如图 6-16a 所示。

2）无论在哪种运行模式下，若运行、停止中按 SET 键，监视器上显示输出电流，如图 6-16b 所示。

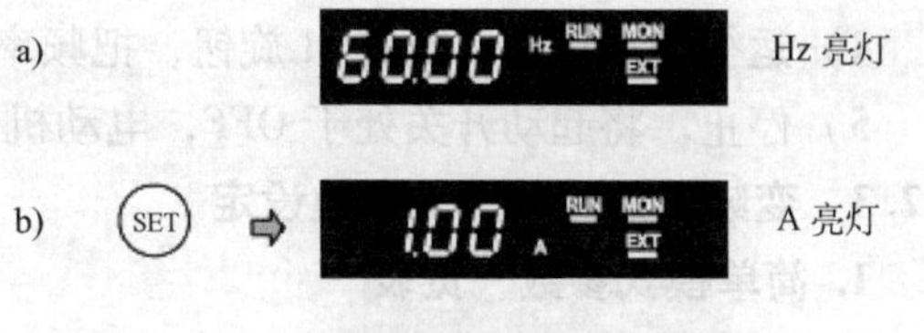

图 6-16 变频器监视操作

3）按 SET 键，监视器上将显示输出电压，如图 6-16c 所示。

6. 运行操作

（1）PU 运行模式 操作步骤如下：

1）上电→确认运行状态，将电源处于 ON。Pr. 79 操作模式选择为“1”。

2）运行频率设定。按 PU/EXT 键，进入 PU 运行模式，PU 显示灯亮。旋转 M 旋钮，显示想要设定的频率，闪烁约 5s；在数值闪烁期间按 SET 键设定频率，闪烁约 3s 后显示将返回“0. 00”（监视显示）。

3）运行参数设定。分别设定上限频率、下限频率、基准频率、加速时间、减速时间、电子过电流保护等重要参数，参数设定见6.2.3。

4）起动。按RUN键，电动机起动运行，显示输出频率。RUN灯在电动机正转时点亮，在电动机反转时闪烁。

5）停止。按STOP/RESET键，电动机减速后停止。RUN灯熄灭。

（2）外部运行模式　操作步骤如下：

1）上电→确认运行状态，出厂设定为将电源处于ON，则为外部操作模式，EXT灯亮，如果EXT不亮，设定Pr.79为“2”。

2）起动。将起动开关（STF或STR）处于ON。表示运转的RUN灯在电动机正转时点亮，在电动机反转时闪烁。

3）加速→恒速。把端子2－5间连接的旋钮（频率设定器）慢慢向右转到满刻度，显示的频率数值逐渐增大到50.00Hz。

4）减速。把端子2－5间连接的旋钮（频率设定器）慢慢向左转到头，显示的频率数值逐渐减小到0.00Hz，电动机停止运行。

5）停止。将起动开关（STF或STR）置于OFF。

（3）组合运行模式1　起动信号由外部（开关、继电器等）输入，运行频率由操作面板设定（Pr.79＝3），不接受外部的频率设定信号和PU的正转、反转、停止键信号。运行指令：接于外部的起动信号；频率设定：操作面板上的↑/↓键或多段速指令（多段速指令优先）。

1）上电。电源设置为ON。

2）操作模式选择。设定Pr.79“操作模式选择”＝“3”，PU和EXT灯亮。

3）起动。将起动开关处于ON。如果正转和反转都处于ON，电动机不起动，如果在运行期间，同时处于ON，电动机则减速至停止。RUN在电动机正转时点亮，在电动机反转时闪烁。

4）运行频率设定。旋转M旋钮，把频率设定在50.00Hz。

5）停止。将起动开关处于OFF，电动机停止运行，RUN灯熄灭。

6.2.3　变频器的简单模式参数设定

1. 简单模式参数一览表

变频器可以在出厂初始设定的情况下，不作任何改变实现变频器的变速运行。要充分发挥变频器性能，就要根据负荷的特点、运行模式等设定的参数。可以在操作面板进行参数的设定、变更及确认操作。FR－E700系列变频器简单模式参数见表6-5。FR－E700的其他参数请见附录FR－E700系列变频器常用参数一览表。

表6-5　FR－E700系列变频器简单模式参数一览表

参数编号	名称	单位	初始值	范围	用　途
Pr.0	转矩提升	0.1%	6%，4%，3%，2%	0～30%	V/F控制时，在需要提高起动转矩、负载后电动机不转、输出报警（OL）且OC1发生断电的情况下使用
Pr.1	上限频率	0.01Hz	120Hz	0～120Hz	设置频率上限时使用

（续）

参数编号	名称	单位	初始值	范围	用途
Pr. 2	下限频率	0.01Hz	0Hz	0~120Hz	设置频率下限时使用
Pr. 3	基准频率	0.01Hz	50Hz	0~400Hz	由电动机的频率设定
Pr. 4	三速设定（高速）	0.01Hz	50Hz	0~400Hz	用参数预先设定运转速度，用端子切换速度时使用
Pr. 5	三速设定（中速）	0.01Hz	30Hz	0~400Hz	
Pr. 6	三速设定（低速）	0.01Hz	10Hz	0~400Hz	
Pr. 7	加速时间	0.1s	5s，10s，15s	0~3600s	设定加速时间
Pr. 8	减速时间	0.1s	5s，10s，15s	0~3600s	
Pr. 9	过电流保护	0.01A	额定电流值	0~500A	用变频器对电动机热保护，设定电动机的额定电流
Pr. 79	操作模式	1	0	0，1，2，3，4，6，7	选择起动指令和频率设定场所
Pr. 125	端子2频率设定	0.01Hz	50Hz	0~400Hz	改变电位器最大值（5V初始值）的频率
Pr. 126	端子4频率设定	0.01Hz	50Hz	0~400Hz	变更电流最大输入（20mA初始值）时的频率
Pr. 160	参数组读取选择	1	0	0，1，9999	限制通过操作面板或参数单元读取的参数

可通过Pr. 160用户参数组读取选择的设定，仅显示简单模式参数。初始设定中Pr. 160为“0”将显示全部的参数。将Pr. 160设为“9999”时，只能显示简单模式参数。将Pr. 160设为“1”时，只可以显示注册到用户参数组中的参数。

2. 额定电流的设定

为了防止电动机的温度过高，用变频器的电子过电流保护功能对电动机进行过电流保护。通过参数编码Pr. 9设定电动机的额定电流，其设定范围为0~500A，缺省设定为500A。对于容量为0.75kW或以下的变频器，应设定为其额定电流的85%。例如，根据电动机的额定电流将Pr. 9电子过电流保护变更为3.5A。操作如下：

1）接通电源时显示的监视器画面如图6-17a所示。

2）按PU/EXT运行模式进入PU模式，显示如图6-17b所示。

3）按MODE键进入参数设定，如图6-17c所示。

4）旋转M旋钮使参数编码设定为P.9，如图6-17d所示。

5）按SET键，读取当前的设定值为“4.00”（初始值），如图6-17e所示。

6）旋转M旋钮，将此值设定为“3.50”，如图6-17f所示。

7）按SET键确定，如图6-17g所示。

电子过电流保护功能是通过变频器的电源复位以及输入复位信号复位为初始状态，要避免不必要的复位及电源切断。连接多台电动机时电子过电流的保护功能无效，每个电动机需设置外部热敏继电器。变频器与电动机的容量差大、而设定值变小时电子过电流的保护作用会降低，这种情况下要使用外部热敏继电器。特殊电动机不能用电子过电流来进行保护，要使用外部热敏继电器。

3. 基准频率与基准频率电压

根据电动机的额定值调整变频器的输出电压与频率。若使用标准电动机，变频器的基准频率通常设定为电动机的额定频率。当需要电动机运行在工频电源与变频器切换时，要把基准频率的设定值与工频电源频率设置相同。

通过 Pr. 3 设定基准频率为 60Hz 的步骤如下：

1）接通电源时显示的监视器画面如图 6-18a 所示。

2）按 PU/EXT 运行模式进入 PU 模式，显示如图 6-18b 所示。

3）按 MODE 键进入参数设定，如图 6-18c 所示。

4）旋转 M 旋钮使参数编码设定为 P. 3，如图 6-18d 所示。

5）按 SET 键，读取当前的设定值为“50. 00”（初始值），如图 6-18e 所示。

6）旋转 M 旋钮，将此值设定为“60. 00”，如图 6-18f 所示。

7）按 SET 键确定，如图 6-18g 所示。

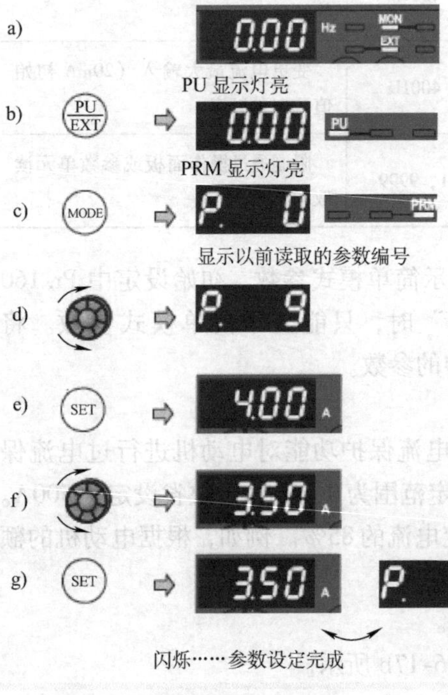

图 6-17 额定电流的设定

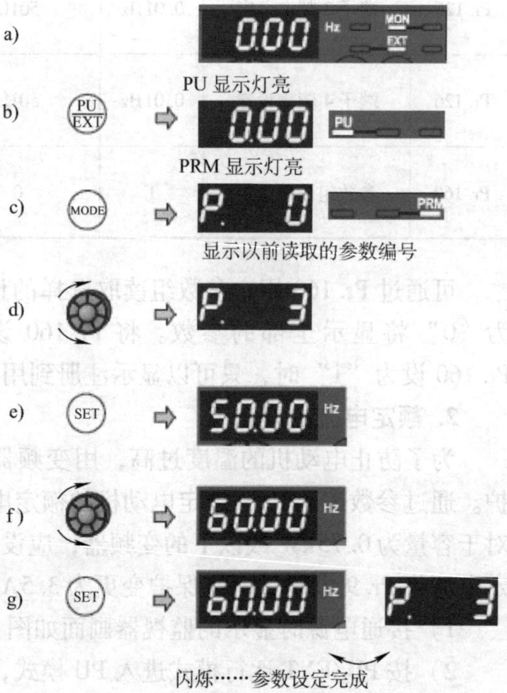

图 6-18 基准频率的设定

4. 上限频率和下限频率的变更

用参数编码 Pr. 1 设定上限频率，上限频率的设定范围为 0 ~ 120Hz，缺省设定为 120Hz。用参数编码 Pr. 2 设定下限频率，下限频率的设定范围也为 0 ~ 120Hz，缺省设定为 0Hz。在 120Hz 以上运行时，用 Pr. 18 设定高速上限频率范围，高速频率参数 Pr. 18 的范围为 120 ~ 240Hz，缺省设定为 120Hz，其作用是将输出频率的上限和下限进行锁定。如用 Pr. 1 设定输出频率的上限，即使有高于此设定值的频率指令输入，输出频率也被限定在 Pr. 1 的上限频率设定值上。

通过变更上限频率 Pr. 1 为 50Hz 来说明上、下限频率的设定步骤：

1）接通电源时显示的监视器画面如图 6-19a 所示。

2）按 PU/EXT 运行模式进入 PU 模式，如图 6-19b 所示。

3）按 MODE 键进入参数设定，如图 6-19c 所示。

4）旋转 M 旋钮使参数编码设定为 P. 1，如图 6-19d 所示。

5）按 SET 键，读取当前的设定值为"120. 0"（初始值），如图 6-19e 所示。

6）旋转 M 旋钮，将此值设定为"50. 00"，如图 6-19f 所示。

7）按 SET 键确定，如图 6-19g 所示。

图 6-19 上限频率的设定

下限频率是一个较为优先的设定指标，即使设定频率在 Pr. 2 以下，输出频率仍在 Pr. 2 固定（不会输出低于 Pr. 2 的频率）。但 Pr. 15 点动频率比下限频率优先。设定 Pr. 1 后，输出也不会有比 Pr. 1 设定频率更高的值。如果要达到 120Hz 或以上的高速运行，必须设定 Pr. 18 高速上限频率。为防止出现通过电位器等输入时频率在 50Hz 以上的运行，可将 Pr. 1 上限频率变更 50Hz。

5. 电动机的加速时间与减速时间

通过 Pr. 7 设定加速时间，如果想慢加速就把时间设定得长些，如果想快加速就把时间设定得短些。通过 Pr. 8 设定减速时间，如果想慢减速就把时间设定得长些，如果想快减速就把时间设定得短些。

例如将 Pr. 7 加速时间从 5s 变更为 10s，设定步骤如下：

1）接通电源时显示的监视器画面如图 6-20a 所示。

2）按 PU/EXT 运行模式进入 PU 模式，显示如图 6-20b 所示。

3）按 MODE 键进入参数设定，如图 6-20c 所示。

4）旋转 M 旋钮使参数编码设定为 P. 7，如图 6-20d 所示。

5）按 SET 键，读取当前的设定值为“5. 0”（初始值），如图 6-20e 所示。

6）旋转 M 旋钮，将此值设定为“10. 0”，如图 6-20f 所示。

7）按 SET 键确定，如图 6-20g 所示。

6. 参数清除、全部清除

设定 Pr. CL 参数清除、ALLC 参数全部清除为“1”，可使参数恢复为初始值。如果设定 Pr. 77 参数写入选择为“1”，则无法清除。参数清除、全部清除步骤如下：

1）接通电源时显示的监视器画面如图 6-21a 所示。

2）按 PU/EXT 运行模式进入 PU 模式，如图 6-21b 所示。

3）按 MODE 键进入参数设定，如图 6-21c 所示。

4）旋转 M 旋钮使参数编码设定为 Pr. CL（ALLC），如图 6-21d 所示。

5）按 SET 键，读取当前的设定值为“0”（初始值），如图 6-21e 所示。

6）旋转 M 旋钮，将此值设定为“1”，如图 6-21f 所示。

7）按 SET 键确定，如图 6-21g 所示。

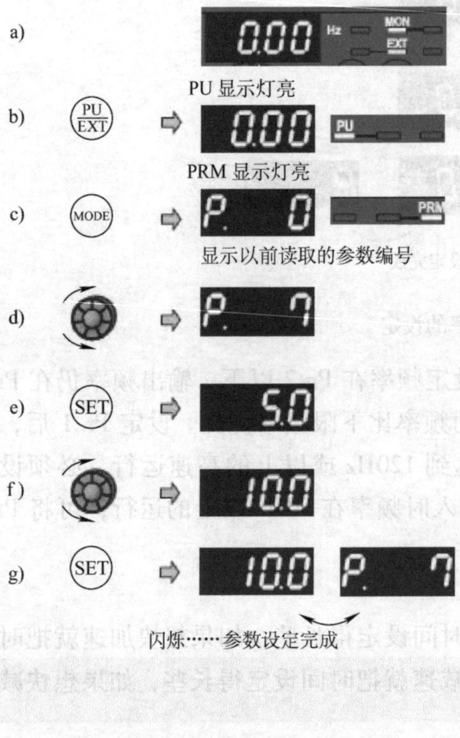

图 6-20 加速时间的设定

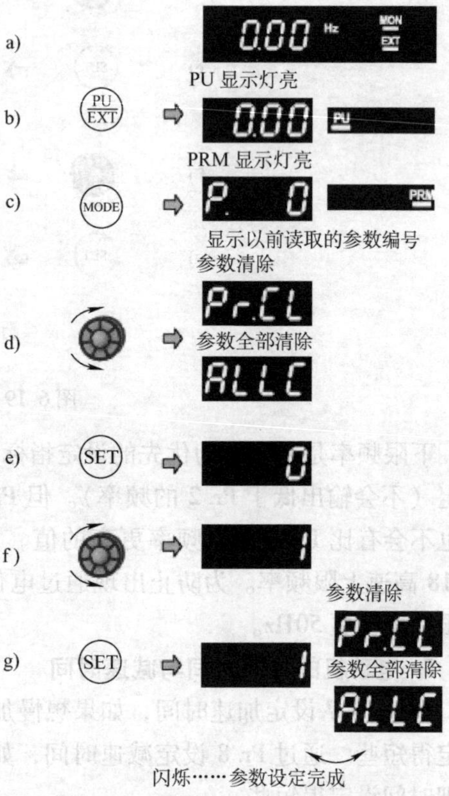

图 6-21 参数清除、全部清除

6.2.4 变频器的参数结构

变频器用于简单变速运行时，利用出厂设定的状态即可实现。考虑负荷、运行方式时，就需对其某些参数加以设定。通过对 FR－E700 系列变频器的参数设定，说明改变接点输入端子 RL、RM、RH、MRS 和集电极开路输出端子 RUN、FU 以及接点输出端子功能的方法。

1. 基准频率与基准频率电压

根据所控制的电动机的额定值调整变频器的输出电压与频率。若使用标准电动机，则变频器的基准频率通常设定为电动机的额定频率。当需要电动机运行在工频电源与变频器切换时，要把基准频率的设定值与工频电源频率设置相同。

当电动机铭牌所记载的额定频率只限 50Hz 时，基准频率必须设定为 50Hz。若设定为 60Hz，则电压降过大，转矩会不足，有可能产生过负荷而断电现象。有些电动机的额定频率为 60Hz，基准频率就应设定为 60Hz。要特别注意 Pr. 14 负载选择为“1”的情况（稍后介绍 Pr. 14 负载选择）。基准频率与基准电压之间的关系如图 6-22 所示。

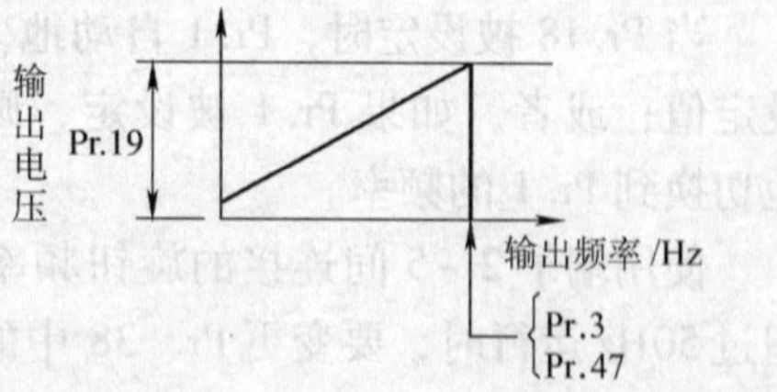

图 6-22 基准频率与基准电压之间的关系

用 Pr. 3 设定基准频率，其设定范围为 0～400Hz，缺省设定为 50Hz。Pr. 47 为第二基准频率，其范围也为 0～400Hz，缺省设定为 9999Hz（无效）。用 Pr. 19 设定基准频率电压，Pr. 19 的电压设定范围为 0～1000V、8888、9999。设定 8888 时为电源电压的 95%，设定 9999 时与电源电压相同，缺省设定为 9999。

用 Pr. 3 和 Pr. 47 设定基准频率，能设定两种不同的基准频率，它们之间可以切换使用。当 RT 信号为 ON 时，Pr. 47 的第二基准频率有效。RT 信号为第二选择功能，当 RT 信号为 ON 时，其他的第二功能也有效。

当选择通用磁通矢量控制方式时，Pr. 3、Pr. 19、Pr. 47 无效，而 Pr. 84 和 Pr. 83 有效。但是 Pr. 29 的 S 形拐点处，Pr. 3 或 Pr. 47 有效。

2. 起动频率

起动频率是起动信号为 ON 时的开始频率。通过 Pr. 13 设定起动频率，其设定范围在 0～60Hz 之间，缺省设定为 0.5Hz。

如果设定频率小于 Pr. 13 起动频率的设定值，变频器将不能起动。例如，当 Pr. 13 设定为 5Hz 时，只有当设定频率达到 5Hz 时，电动机才能起动运行，如图 6-23 所示。

Pr. 13 设定值小于 Pr. 2 的下限频率设定值时，即使没有指令频率输入，只要起动信号为 ON，电动机也可在设定频率下转动。

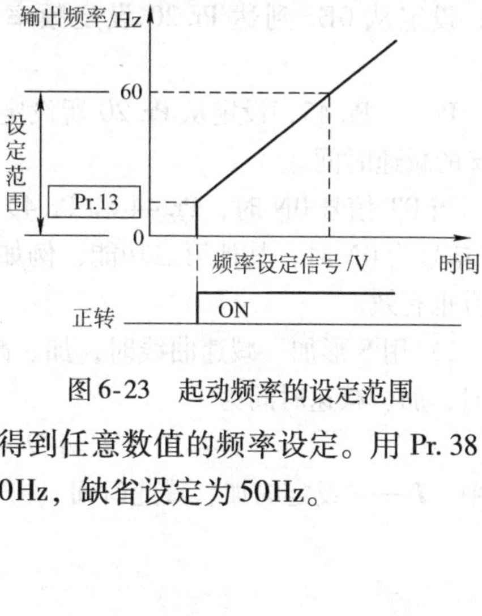

图 6-23 起动频率的设定范围

3. 端子接电位器输入时的频率

当输入端子 2－5 间接入旋钮频率设定器（电位器），设定信号为 DC5V（DC10V），旋转旋钮，可得到任意数值的频率设定。用 Pr. 38 设定 5V（10V）输入时的频率，频率设定范围为 0～400Hz，缺省设定为 50Hz。

当输入端子4－5间接入旋钮频率设定器（电位器），设定信号为20mA，旋转旋钮，可得到任意数值的频率设定。用Pr. 39设定20mA输入时的频率，频率设定范围为0～400Hz，缺省设定为50Hz。

4. 输出频率

用Pr. 1设定上限频率，上限频率的设定范围为0～120Hz，缺省设定为120Hz。用Pr. 2设定下限频率，设定范围也为0～120Hz，缺省设定为0Hz。在120Hz以上运行时，用Pr. 18设定高速上限频率范围，设定范围为120～240Hz，缺省设定为120Hz。其作用是将输出频率的上限和下限进行锁定。如用Pr. 1设定输出频率的上限，即使有高于此设定值的频率指令输入，输出频率也被限定在Pr. 1的上限频率设定值上，如图6-24所示。

当Pr. 18被设定时，Pr. 1自动地变为Pr. 18的设定值；或者，如果Pr. 1被设定，则Pr. 18自动地切换到Pr. 1的频率。

使用端子2－5间连接的旋钮频率设定器，当超过50Hz运行时，要变更Pr. 38中的设定。若只变更Pr. 1、Pr. 18，则不能超过50Hz运行。（使用端子4－5时，要变更Pr. 39。）

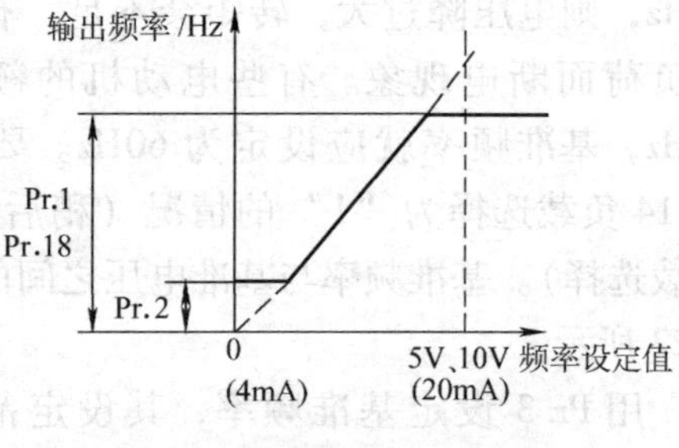

图6-24 输出频率的设定范围

如果Pr. 2的设定值高于Pr. 13的起动频率，即使不输入指令频率信号，则按照加速时间的设定，电动机也会按照设定的频率进行运转。

5. 加、减速时间

设定电动机加、减速时间，可以实现加、减速度快与慢。慢加、减速时，加、减速时间设定值要大一些，快加、减速时，加、减速时间设定值要小一些。

Pr. 7为加速时间，其范围为0～3600s/360s，缺省设定为5s（3.7kW）或10s（5.5kW）。Pr. 8为减速时间，其范围为0～3600s/360s，缺省设定为5s（3.7kW）或10s（5.5kW）。Pr. 20为加、减速基准频率，其范围也为0～400Hz，缺省设定为50Hz。Pr. 21为加、减速时间单位，其值为0或1，设为0时加、减速时间范围为0～3600s，设为1时加、减速时间范围为0～360s，缺省设定为0。Pr. 44为第二加速时间，Pr. 45为第二减速时间，类似于Pr. 7和Pr. 8。加速时间与运行频率的关系如图6-25所示。

从图6-25中可知，Pr. 7、Pr. 44为加速时间，设定从0Hz到达Pr. 20设定频率的加速时间。

Pr. 8、Pr. 45，设定从Pr. 20所设定频率到达0Hz的减速时间。

当RT信号0N时，Pr. 44和Pr. 45有效。当RT信号为0N时，其他第二功能，例如第二转矩提升也有效。

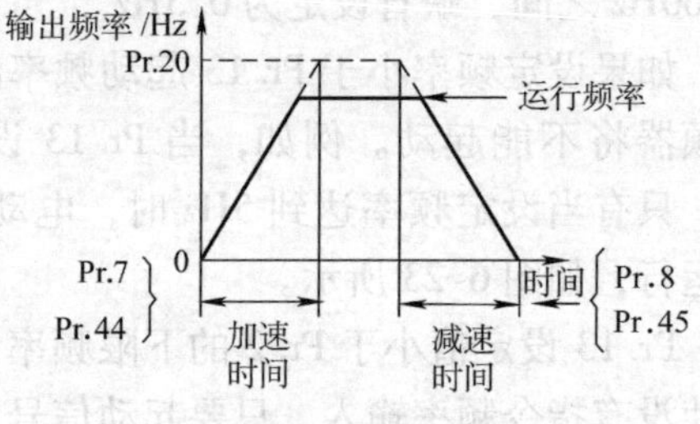

图6-25 加速时间与运行频率的关系

1）用S形加、减速曲线时，加、减速时间为到达Pr. 3的时间。设定频率是基准频率以上时，加、减速时间为

$$t = 4/9 \times T/(\text{Pr. }3)2 \times f_2 + 5T/9$$

式中 T——设定的加、减速时间（s）；

f_2——设定频率（Hz）。

2）如果 Pr. 20 的设定改变，校准功能 Pr. 903 和 Pr. 905 设定保持不变。要调整增益，可调整校准功能 Pr. 903 和 Pr. 905。

3）当 Pr. 7、Pr. 8、Pr. 44、Pr. 45 设定为“0”时，加、减速时间为 0.04s。这种情况下，要把 Pr. 20 设定在 120Hz 以下。

4）即使加、减速时间设定很短，电动机实际加、减速时间仍然不能短于由机械系统的转动惯量和电动机转矩所决定的最短加、减速时间。

5）如果变更 Pr. 21 的设定值，加、减速时间的设定值（Pr. 7、Pr. 8、Pr. 16、Pr. 44、Pr. 45）也会改变。例如，Pr. 21 = 0 时，Pr. 7 = 5.0s，而当 Pr. 21 = 1 时，Pr. 7 = 0.5s。

6. 加、减速曲线

用 Pr. 29 设定加、减速曲线，其设定有 0、1、2 三个选项，缺省设定为 0。三种加、减速曲线如图 6-26 所示。

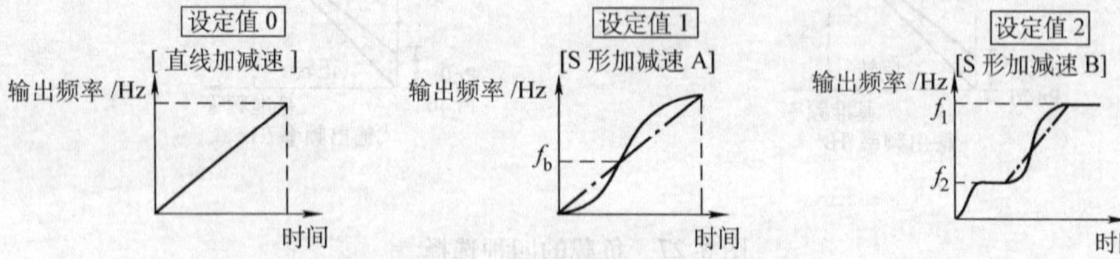

图 6-26　三种加、减速曲线图

Pr. 29 = 0 时为直线加、减速，就是以直线方式加速（或减速）到预设频率。

Pr. 29 = 1 时为 S 形加、减速 A。此设定用于需要在基准频率以上的高频域短时间加、减速的场合，在此加、减速曲线中，f_b（基准频率）总是 S 形的拐点，并且可以设定在基准频率以上恒功率输出运行范围降低电动机转矩相应的加、减速时间。

Pr. 29 = 2 时为 S 形加、减速 B。为防止运输时负载倒塌，此设定从 f_2（当前频率）到目标频率提供一个 S 形加、减速曲线，因此具有缓和加、减速时振动的效果，防止运输时负载的倒塌。

需要注意的是，加、减速时间设定值是到达 Pr. 3 基准频率的时间，而不是 Pr. 20 加、减速基准频率的时间。

7. 负载选择

用负载选择来设定与负载特性最适宜的输出特性。Pr. 14 有 0、1、2、3 四个选项，缺省设定为 0，如图 6-27 所示。

当 Pr. 14 = 0 时，适用于运输机械、台车等定转矩负载。

当 Pr. 14 = 1 时，适用于风机、水泵等变矩负载。

当 Pr. 14 = 2 时，适用于提升类负载。正转时转矩提升由 Pr. 0（Pr. 46）设定，反转时转矩提升为 0%。

当 Pr. 14 = 3 时，适用于提升类负载。正转时转矩提升为 0%，反转时转矩提升为 Pr. 0（Pr. 46）的设定值。

选择通用磁通矢量控制时，此参数的设定无效。

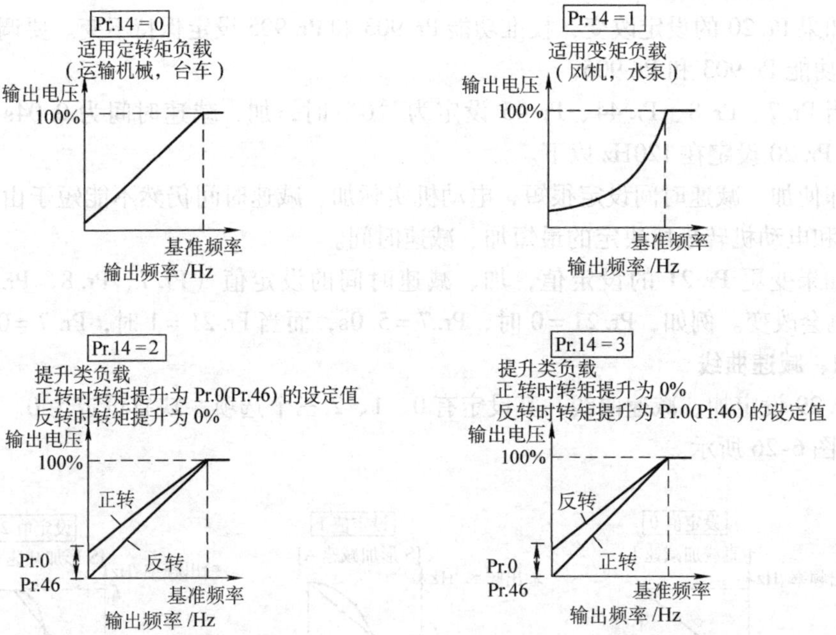

图 6-27　负载的四种选择

8. 转矩提升

在 Pr. 0 中设定转矩提升，在 Pr. 46 中设定第二转矩提升，调整低频域电动机转矩，使之配合负载并增大起动转矩。

设定的是电动机起动 0Hz 时的电压，用百分数（%）表示。假定基准频率电压为 100%，设定值可为 4%、6% 等。设定值设定得过大，电动机处于过热状态，可能引起过电流断路，最大以 10% 左右为好。在变频器和电动机相距较远、低速范围时电动机转矩不足等情况下，把设定值调大使用。输出频率与输出电压之间的关系如图 6-28 所示。

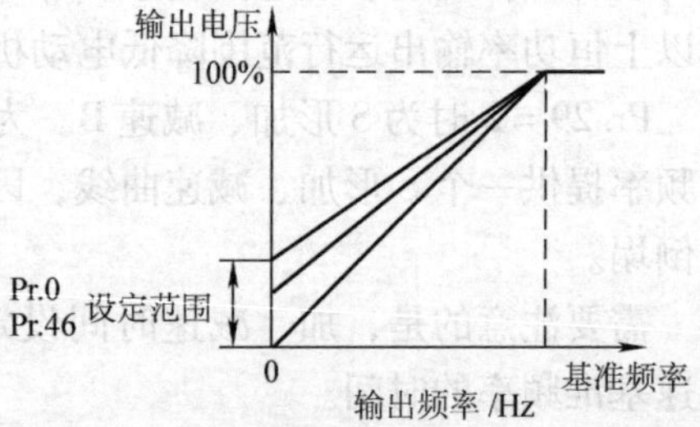

图 6-28　输出频率与输出电压之间的关系图

通过 RT 信号的切换，可以切换两种起动转矩提升。当 RT 信号为 ON 时，在 Pr. 46 中设定第二转矩提升有效。当选择通用磁通矢量控制模式时，这个参数的设定无效。RT 信号为第二功能选择信号时，其他的第二功能也有效。

使用变频器专用电动机（恒转矩电动机）时，Pr. 71 变更为恒转矩电动机使用时的设定，Pr. 0 的设定值切换为 Pr. 71 的设定值。

9. 点动运行

用 Pr. 15 设定点动频率，频率范围为 0 ~ 400Hz，缺省设定为 5Hz。用 Pr. 16 设定点动加速时间，时间范围为 0 ~ 3600s（Pr. 21 = 0 时）/360s（Pr. 21 = 1 时），缺省设定为 0. 5s。点动频率的设定如图 6-29 所示。

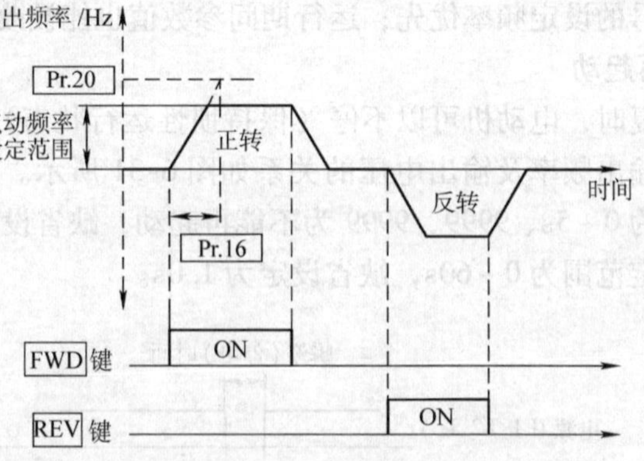

图 6-29 点动频率的设定图

点动运行通过操作面板选择点动模式，用 RUN 键（FWD、REV 键）进行启动、停止的操作。

点动运行频率和加、减速时间设定时的注意事项如下：

1）加、减速曲线 S 加、减速 A 时，不是到达 Pr. 20，而是到达 Pr. 3 基准频率的时间。

2）点动运行的加速时间和减速时间不能分别设定。

3）要把 Pr. 15 点动频率的设定值设定在 Pr. 13 起动频率的设定值之上。

10. 多段速度运行

Pr. 4 为高速设定，其范围为 0 ~ 400Hz，缺省设定为 50Hz。Pr. 5 为中速设定，其范围也为 0 ~ 400Hz，缺省设定为 30Hz。Pr. 6 为低速设定，其范围为 0 ~ 400Hz，缺省设定为 10Hz。

要设定运行速度，可通过端子进行转换。通过开启、关闭输入端子信号（RH，RM，RL，REX 信号），选择各种速度，如图 6-30 所示。

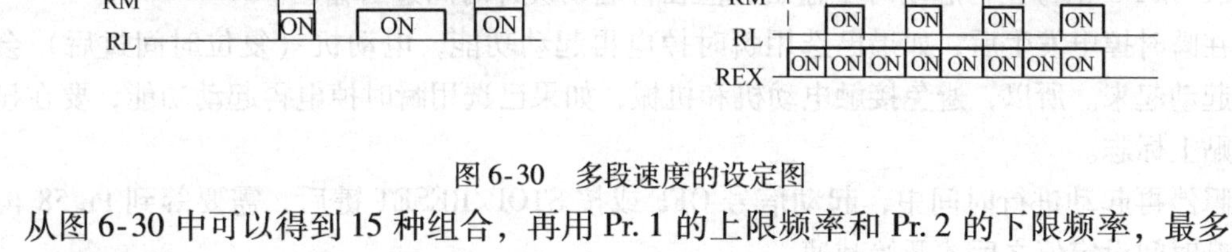

图 6-30 多段速度的设定图

从图 6-30 中可以得到 15 种组合，再用 Pr. 1 的上限频率和 Pr. 2 的下限频率，最多可以设定 17 种速度。

上述设定在外部操作模式或 Pr. 79 = 4 的组合模式时有效。具体方法是在读出多段速度设定参数状态下，通过上下键改变设定值。要存储设定频率，松开上下键后，按下 SET 键。

频率指令的外部端子，其优先排列顺序依次为：JOG→多段速度运行→4 号端子→2 号端子；多段速度设定在 PU 运行和外部运行中都可以设定；三速设定的场合，两速以上同时被选择时，低速信号的设定频率优先；运行期间参数值也能被改变。

11. 瞬时停止再起动

瞬时掉电再恢复时，电动机可以不停（保持惯性运行状态），变频器可再起动。瞬时停止再起动时速度、输出频率及输出电压的关系如图6-31所示。用Pr. 57设定再起动惯性运行时间，设定范围为0~5s、9999，9999为不能再起动，缺省设定为9999。用Pr. 58设定再起动缓冲时间，设定范围为0~60s，缺省设定为1.0s。

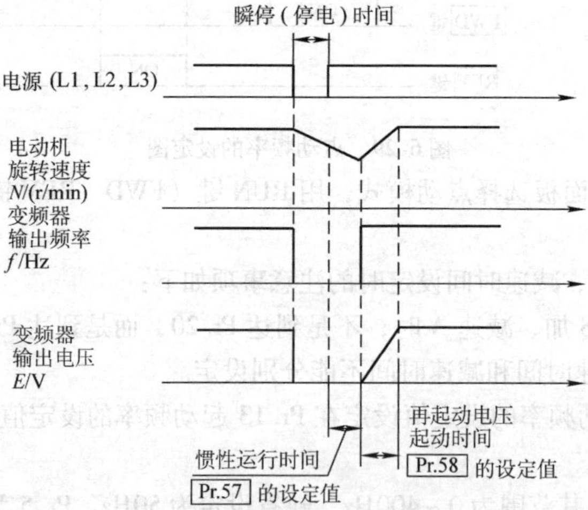

图6-31 瞬时停止再起动时速度、输出频率及输出电压的关系图

当Pr. 57 =0时，功率在0.4~1.5kW时，惯性运行时间为0.5s；功率在2.2~7.5kW时，惯性运行时间为1.0s。

当Pr. 57在0.1~5s之间时，瞬时停电再恢复后变频器再起动前的等待时间，与负载的转动惯量和转矩有关，在0.1~5s之间的某一值。

瞬间停止再起动动作与电动机的惯性运行速度无关，慢慢地提高输出电压，直到设定频率，为减压起动方式。

瞬间停电时间超过0.2s时，瞬时停电前的输出频率记忆不能被维持，变频器将从0Hz开始起动。

SU和PU信号在再起动时不输出，但在再起动缓冲时间过后输出。

在瞬时掉电发生后，如果已选用瞬时掉电再起动功能，电动机（复位时间过后）会突然再起动起来。所以，避免接触电动机和机械，如果已选用瞬时掉电再起动功能，要在显眼地方贴上标志。

瞬停再起动进行时间中，起动信号OFF或按STOP/RESET键后，需要等到Pr. 58再起动上升时间设定值之后才开始减速。

6.3 PLC与变频器的联机变频调速

可编程控制器（PLC）已广泛用于工业控制的各个领域。自动控制系统很多情况下是将PLC和变频器相配合使用。由于PLC可通过软件来改变控制过程，且具有体积小、组装灵活、编程简单和可靠性高等优点，故而深受欢迎。

（1）控制信号连接 变频器的输入信号中包括对运行/停止、正转/反转、点动等运行状态进行操作的开关型指令信号。变频器通常利用继电器触点或具有继电器触点开关特性的元器件（如晶体管）与PLC相连，得到运行状态指令，如图6-32所示。

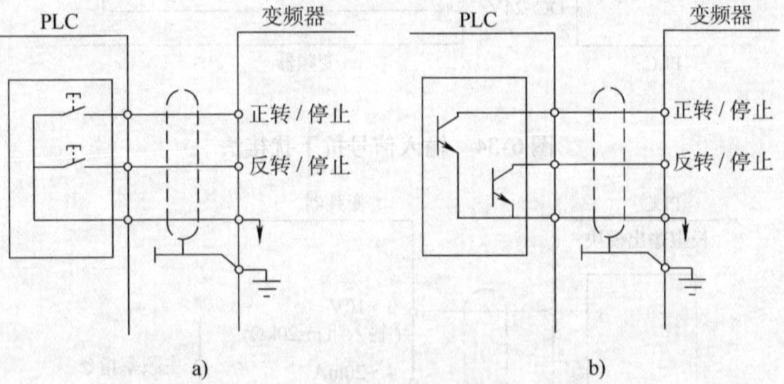

图6-32 PLC与变频器的连接

a）PLC的继电器触点与变频器的连接 b）PLC的晶体管与变频器的连接

在使用继电器触点时，常常因为接触不良而带来误动作；使用晶体管进行连接时，则需考虑晶体管本身的电压、电流等因素，保证系统的可靠性。

在设计变频器的输入信号电路时还应该注意，当输入信号电路连接不当时也会造成变频器的误动作。例如，当输入信号电路采用继电器等阻感性负载时，继电器开闭产生的浪涌电流带来的噪声有可能引起变频器的误动作，应尽量避免。图6-33给出了变频器输入信号的正确接法。

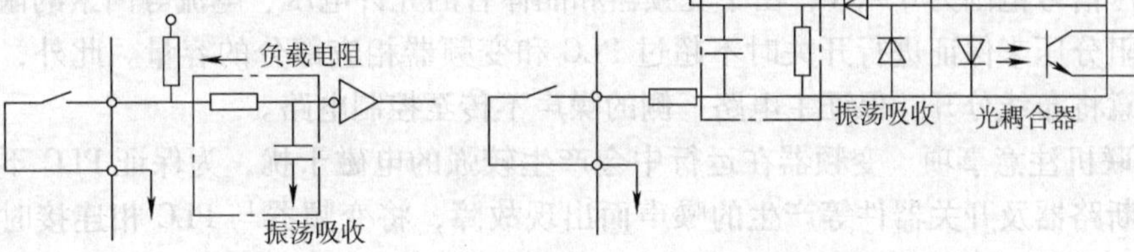

图6-33 变频器输入信号的正确接法

当输入开关信号进入变频器时，有时会发生外部电源和变频器控制电源（DC 24V）之间的干扰。正确的连接方法是：利用PLC电源将外部晶体管的集电极经过二极管接到PLC，如图6-34所示。

（2）数值信号连接 变频器中也存在一些数值型（如频率、电压等）指令信号的输入，可分为数字输入和模拟输入两种。数字输入多采用变频器面板上的键盘操作和串行通信接口来设定；模拟输入则通过接线端子由外部给定，通常是通过0~10V（或0~5V）的电压信号或者0~20mA（或4~20mA）的电流信号输入。由于接口电路因输入信号而异，故必须根据变频器的输入阻抗选择PLC的输出模块。图6-35所示为PLC与变频器之间的信号连接。

当变频器和PLC的电压信号范围不同时，例如，变频器的输入电压信号范围为0~10V

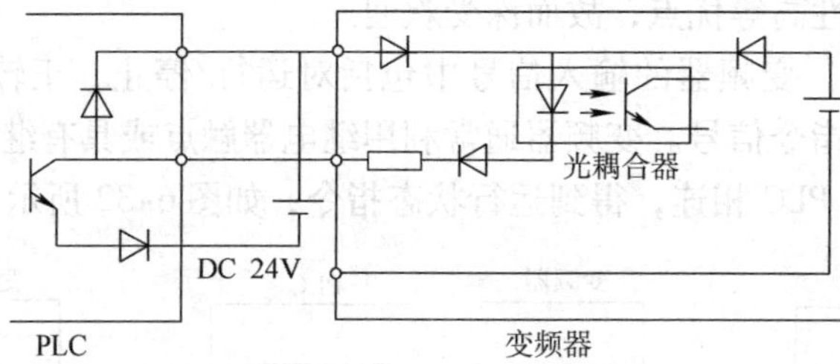

图 6-34 输入信号抗干扰接法

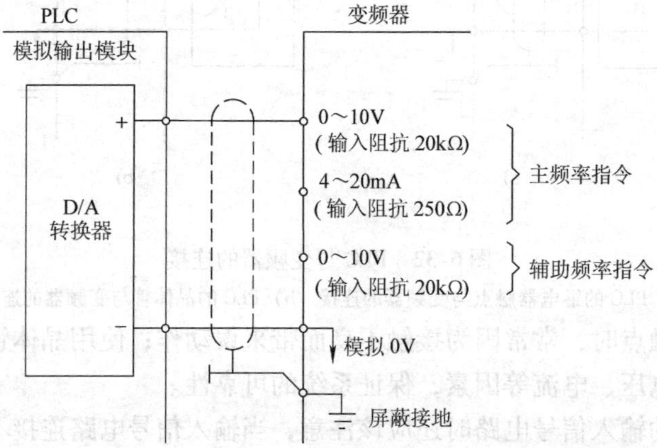

图 6-35 PLC 与变频器之间的信号连接

而 PLC 的输出电压信号范围为 0 ~ 5V，或 PLC 一侧的输出电压信号范围为 0 ~ 10V 而变频器的输入电压信号范围为 0 ~ 5V，由于变频器和晶体管的允许电压、电流等因素的限制，则需以串联电阻分压来保证进行开关时不超过 PLC 和变频器相应部分的容量。此外，在连线时还应该注意将布线分开，保证主电路一侧的噪声不传至控制电路。

（3）联机注意事项 变频器在运行中会产生较强的电磁干扰，为保证 PLC 不会因变频器主电路断路器及开关器件等产生的噪声而出现故障，将变频器与 PLC 相连接时应该注意以下几点：

1）对 PLC 本身应按规定的接线标准和接地条件进行接地，而且应注意避免和变频器使用共同的接地线，在接地时使二者尽可能分开。

2）当电源条件不太好时，应在 PLC 的电源模块及输入/输出模块的电源线上接入噪声滤波器和降低噪声用的变压器等，另外，若有必要，在变频器一侧也应采取相应的措施。

3）当把变频器和 PLC 安装于同一操作柜中时，应尽可能使与变频器有关的电缆和与 PLC 有关的电缆分开。

4）可使用屏蔽线和双纹线达到提高抗噪声干扰的能力。

6.4 变频器的维护、故障诊断及排除

变频器在运行过程中出现故障会启动相应的保护功能、报警及显示故障代码，了解这些

功能给变频器的故障诊断与排除带来极大的方便。本节以 FR－E700 系列变频器为例说明变频器的维护、故障诊断及排除。

6.4.1 变频器的维护

通用变频器是以半导体器件为中心而构成的静止器件。为了防止由于温度、潮湿、灰尘、污垢和振动等对变频器的正常使用造成影响，必须进行日常检查和定期检查。

断开电源后不久，平波电容上仍然有剩余高压电。当进行检查时，断开电源 10min 后，用万用表等确认变频器主电路端子两端电压在直流 30V 以下后进行。

1. 日常检查

要始终保持变频器在清洁状态下运行。当清洁变频器时，需用浸入中性清洁剂或氨基乙醇的柔软布料轻轻地擦去变脏的地方。不要使用丙酮、苯、甲苯和酒精之类的溶剂，否则会造成变频器表面涂料脱皮。不要用清洁剂或酒精擦操作面板的显示部分和其他部分，否则将损坏这些部分。

主要检查变频器在运行中有无如下异常：

1）电动机是否按设定运行。

2）安装场所的环境是否异常。

3）冷却系统是否异常。

4）是否有异常振动和声音。

5）是否出现过热和变色。

变频器的日常检查可参照表 6-6 所列内容进行。

表 6-6 变频器日常检查表

检修项目	内容	检查方法	判定合格标准	使用仪表
周围环境	周围温度、湿度、灰尘污垢等	在变频器周围规定距离点上测量	周围温度 －10～50℃时，不冰冻，周围湿度 90% 以下，不结露	温度计，湿度计，记录仪
全部装置	检查是否有不正常的振动和噪声	利用视觉和听觉检查	没有异常	
电源电压	检查主电路电压是否正常	测量变频器 L1、L2、L3 之间电压	在允许的交流电压波动范围以内	万用表，数字式多用仪表
平波电容	检查是否有液体漏出，检查安全阀是否突出和膨胀	用眼观察	没有异常	
冷却风扇	是否有异常振动和噪声	在不通电时用手拨动旋转	没有异常振动及异常噪声	
显示	LED 显示是否有断点	检查盘面上的指示灯	确认其能发光	
仪表	检查读出值是否正常	识读盘面指示仪表指示值	满足规定要求	电压表、电流表等
常规	检查是否有异常振动和噪声 检查是否有异味	目视、耳听 鼻闻	没有异常	

2. 定期检查

变频器的定期检查主要有下列内容：

1）冷却系统。要定期清洁空气过滤器等。

2）螺钉和螺栓。由于振动、温度变化等的影响，螺钉和螺栓等固定部件可能松动，应定期检查它们是否可靠拧紧。

3）检查导体和绝缘物质是否被腐蚀或破损。

4）测量绝缘电阻。

5）检查冷却风扇、平波电容，必要时进行更换。

变频器的定期检查可参照表6-7所列内容进行。

表6-7 变频器的定期检查表（年检）

检修项目	内容	检查方法	判定合格标准	使用仪表
一般检查	用绝缘电阻表测量主电路端子和接地端子之间的绝缘电阻； 检查螺钉是否松动； 检查各元器件是否过热	拆下变频器接线，将端子L1、L2、L3、U、V、W、一起短路，用绝缘电阻表测量它与接地端子间的电阻； 加强紧固件； 用手碰触	绝缘电阻应在5MΩ以上； 没有异常	500V绝缘电阻表
连接导体电缆	导体是否歪斜； 导线外层是否破损	用眼看	没有异常	
端子排	是否损伤	用眼看	没有异常	
逆变模块 整流模块	检查端子间电阻	拆下变频器接线，在端子L1、L2、L3、+、-和U、V、+、-间用万用表×100挡测量	5MΩ以上	指针式万用表
平波电容	测量电荷容量	用容量测量器测量	额定容量的85%以上	容量计
继电器	检查运行时是否有“咔嗒”声响； 检查触点表面是否粗糙	用耳听； 用眼看	没有异常	
动作检查	变频器单独运行时，各相输出电压是否平衡； 进行顺序保护动作试验，检测保护回路是否异常	测量变频器输出侧端子U、V、W间的电压； 用模拟地将变频器的保护回路输出短路或断开	相间电压平衡400V（200V）在8V（4V）以内； 程序上应无异常动作	数字式多用仪表，整流型电压表
冷却风扇	连接部件是否有松动	加强固定	没有异常振动	
显示部分	清洁	用碎棉纱清扫		
绝缘电阻	用绝缘电阻表检查所有端子和接地端子之间的绝缘电阻	拆下U、V、W的连接线，包括电动机接线	5MΩ以上	500V绝缘电阻表

3. 变频器绝缘电阻检测

用绝缘电阻表测量变频器外部电路的绝缘电阻，先要拆下变频器所有端子上的电缆，这样测量电压不会加到变频器上。

要使用万用表的高阻挡检测变频器控制电路的通断，不要用绝缘电阻表或蜂鸣器。

对变频器进行绝缘电阻的测量时，不要对控制电路用绝缘电阻表进行测试，可使用直流500V 绝缘电阻表。

6.4.2 变频器的故障诊断

如果变频器发生异常，则保护功能产生相应的动作，变频器报警并停止运行。PU 显示将自动切换到显示故障代码。

如果变频器的保护功能动作，此时断开变频器的电源侧设置的电磁接触器，变频器将失去电源，而导致异常输出的消失。想要保持异常输出的信息，就不能断开电源。

变频器的保护功能动作后，在处理了引起故障的原因后，再对变频器复位，然后开始运转。变频器不复位则不会再起动，保持输出停止状态。变频器的复位方法有三种：通过操作面板，按 STOP/RESET 键复位；采用关闭变频器的电源后再接通，使其复位；或采用接通 RES 端子 0.1s 以上的方法复位。如果持续保持 RES 端子接通，“Err.”会显示（闪亮），指示是复位状态。

1. 错误信息

操作上的故障用错误信息显示出来，此时不切断输出。FR－E700 系列变频器的错误信息、检查及处理方法见表6-8。

表6-8 FR－E700 系列变频器的错误信息、检查及处理方法表

名称	代码及显示	错误内容	检查与处理
操作面板锁定	HOLD HOLd	操作模式锁定，除 STOP/RESET 键以外的操作无法进行	按 MODE 键 2s 解除锁定
禁止写入错误	Er1 Er1	Pr. 77 参数写入选择设为禁止写入；频率跳变的设定范围重复；PU 与变频器不能正常通信	确认 Pr. 77 参数写入选择设定；确认 Pr. 31 ~ 36 频率跳变设定；检查 PU 与变频器的连接
运行中写入错误	Er2 Er2	在 Pr. 77≠2 时的运行中或在 STF（STR）为 ON 时的运行中进行了参数写入	确认 Pr. 77 的设定值，设定 Pr. 77 = 2 停止运行；检查是否在运行中
校正错误	Er3 Er3	模拟输入的偏置、增益的校正值过于接近	确认 C3、C4、C5、C6 参数的设定
模式指定错误	Er4 Er4	在 Pr. 77≠2 及外部、网络运行模式下进行了参数设定	确认 Pr. 77 的设定值，设定 Pr. 77 = 2 运行模式是否为 PU 模式，设定 PU 模式
变频器复位错误	Err. Err.	通过 RES 信号、通信以及 PU 发出复位指令；关闭电源后也显示	将复位信号设为 OFF

2. 报警

变频器在发出报警时不切断输出。FR－E700 系列变频器的报警信息、检查及处理方法见表 6-9。

表 6-9 FR－E700 系列变频器的报警信息、检查及处理方法表

名称	代码及显示	错误内容	检查与处理
失速防止（过电流）	OL OL	1. 加速过程中，如果电流超过变频器额定输出电流的 150% 以上时，则停止频率的上升直到过载电流减少为止，以防止变频器出现过电流断路；当电流降到 150% 以下后，再增大频率 2. 恒速过程中，如果电流超过变频器额定输出电流的 150% 以上时，则降低频率，直到过载电流减少为止，以防止变频器出现过电流断路；当电流降到 150% 以下后，再回到设定频率 3. 减速过程中，如果电流超过变频器额定输出电流的 150% 以上时，则停止频率的下降直到过载电流减少为止，以防止变频器出现过电流断路；当电流降到 150% 以下后，再下降频率	电动机是否过载使用，可以改变加、减速的时间
失速防止（过电压）	oL OL	电动机的再生能量过大，超过制动能力时，停止频率的下降，以防止变频器出现过电压断路，直到再生能量减少时，再继续减速	是否快减速运行，可以改变减速时间
PU 停止	PS PS	在 Pr. 75 的 PU 停止选择状态下，用 PU 的 STOP/RESET 键，设定停止	在外部运行时，按下了操作面板的 STOP/RESET 键，将启动信号设为 OFF，用 PU/EXT 键解除
再生制动预报警	RB rb	再生制动使用率达 Pr. 70 设定值的 85% 以上时显示，Pr. 70 = 0 时该功能无效；再生制动使用率达 100% 会引起再生过电压	制动电阻使用率是否过高，延长制动时间；确认 Pr. 30、Pr. 70 的设定值
电子过电流保护预报警	TH TH	电子过电流达 Pr. 9 设定值的 85% 以上时显示，电子过电流达 100% 时电动机将因过载而切断	负载是否过大，加速是否过急，减轻负载；确认 Pr. 9 的设定值
维护信号输出	MT Mr	提醒变频器累计通电时间达到一定限度；Pr. 504 = 9999 初始时，此功能无效	确认 Pr. 503 的值比 Pr. 504 的值大，Pr. 503 写入 0
电压不足	UV Uu	若变频器的电源电压下降，控制电路不能正常工作，电动机转矩不足或发热，电源电压降到交流 230V 时停止输出，电压恢复正常时报警便可解除	电源电压、系统设备是否正常

3. 轻微故障

变频器出现轻微故障时保护功能动作，不切断输出。FR－E700 系列变频器常见的轻微故障为风扇故障，故障代码为 FN，显示为 Fn，产生故障的原因一般是冷却风扇故障或风扇选择设定不当。

4. 严重故障

变频器出现严重故障时保护功能动作，切断输出。FR－E700 系列变频器的严重故障信息、检查与处理方法见表 6-10。

表 6-10 FR－E700 系列变频器的严重故障信息、检查与处理方法

检修项目	代码及显示	故障内容	检查与处理
加速中过电流断路	E. 0C1 E.0C 1	加速运行中，当变频器输出电流达到或超过大约额定电流的 200% 时，保护电路动作，变频器停止输出	是否快加速运转，延长加速时间；升降用的下降段加速时间是否太长，缩短该段时间；输出是否短路、接地
恒速中过电流断路	E. 0C2 E.0C2	定速运行中，当变频器输出电流达到或超过大约额定电流的 200% 时，保护电路动作，变频器停止输出	负载是否有急速变化、取消或减缓；输出是否短路、接地
减速中过电流断路	E. 0C3 E.0C3	减速运行中（加速、低速运行之外），当变频器输出电流达到或超过大约额定电流的 200% 时，保护电路动作，变频器停止输出	是否快减速运转，延长减速时间；输出是否短路、接地；电动机的机械制动是否过早
加速中再生过电压断路	E. 0V1 E.0u 1	因再生能量，使变频器内部的主电路直流电压超过规定值，保护电路动作，变频器停止输出；电源系统里发生的浪涌电压也可能引起保护电路动作	加速度是否太缓慢，缩短加速时间
恒速中再生过电压断路	E. 0V2 E.0u2	因再生能量，使变频器内部的主电路直流电压超过规定值，保护电路动作，变频器停止输出；电源系统里发生的浪涌电压也可能引起保护电路动作	负载是否有急速变化，取消该变化；根据需要使用制动单元或提高功率因数变换器（FR－HC）
减速停止中再生过电压断路	E. 0V3 E.0u3	因再生能量，使变频器内部的主电路直流电压超过规定值，保护电路动作，变频器停止输出；电源系统里发生的浪涌电压也可能引起保护电路动作	是否快减速运转，延长减速时间；减少制动频度；根据需要使用制动单元或提高功率因数变换器（FR－HC）
电动机过载断路（电子过电流保护）	E. THM E.ΓHΠ	当变频器的内置电子过电流保护，检测到由于过载或定速运行时，冷却能力降低，引起电动机过热时，停止变频器输出；多极电动机或两台以上电动机运行时，需在变频器输出侧安装热继电器	电动机是否处于过载，减轻负载；定转矩电动机时，将 Pr. 71 设定为恒转矩电动机
变频器过载断路（电子过电流保护）	E. THT E.ΓHΓ	如果电流超过额定电流的 150%，而未发生电流断路（200% 以下）时，当输出晶体管的温度超过保护值时，变频器会停止输出	电动机是否处于过载，若过载减轻负载；环境温度是否过高，控制环境温度
散热片过热	E. FIN E.FIn	如果冷却风扇过热，通过温度传感器检出，变频器停止输出	周围温度是否过高；冷却散热片是否堵塞
输入缺相	E. ILF E.ILF	当 Pr. 872 设为 1 时，输入电源缺相就会停止输出；三相电源的相间电压严重不平衡时，也可能会动作	输入电源是否断线并修复；检查三相电源的相间电压是否平衡

（续）

检修项目	代码及显示	故障内容	检查与处理
失速防止	E. OLT E.OLT	当失速防止动作，运行频率降到0时，失速防止动作，显示OL	电动机是否过载使用，减轻负载
制动晶体管报警	E. BE E. bE	由于电动机返回再生能量太大，使制动晶体管发生异常，变频器电源必须立即关断	制动的使用是否过于频繁
输出侧接地过电流保护	E. GF E. GF	变频器起动时，若输出侧发生接地故障，对地有漏电流时，变频器的输出停止	电动机、连接线是否接地，排除漏电故障
输出缺相	E. LF E.LF	当变频器输出侧三相中有一相断开时，此功能停止变频器输出	确认接线；是否使用比变频器功率小得多的电动机；设定输出缺相保护选择
外部热继电器动作	E. OHT E.OHT	为防止电动机过热，安装在外部热继电器或电动机内部安装的温度继电器动作时（接点打开），使变频器输出停止。即使继电器接点自动复位，变频器不复位就不能重新起动	电动机是否过热，若是则降低负载和运行频率；输入端子功能选择设定值是否正确设定
通信选件异常	E. OP1 E.OP1	通信选件的通信异常等时，变频器停止输出	选件功能的设定是否有误；内设接口是否接好；通信电缆是否有断线
选件异常	E. 1 E. 1	变频器专用的通信选件设定错误或接触（接口）不良时，变频器停止输出	选件的功能设定、操作是否有误；通信选件连接插头插座是否确实连接好；变频器周围有无强烈的杂波干扰
参数记忆异常	E. PE E. PE	存储的参数发生异常	参数写入次数是否太多
内部基板异常	E. PE2 E.PE2	控制基板和主电路基板装配错误时会停止变频器的输出	
参数单元脱落	E. PUE E.PUE	当Pr. 75设定在“2”、“3”、“16”或“17”状态下，拆开PU，使变频器和PU之间的通信中断，变频器的输出停止。用RS-485通过PU接口通信，当Pr. 121为“9999”时，如果连续发生通信错误次数超过允许的再试次数，变频器的输出将停止	操作面板（FR-PA02-02）或FR-PU04-CH的安装是否太松，牢固安装好操作面板；确认Pr. 75的设定值
再试次数超出	E. RET E.rET	如果在再试设定次数内运行没有恢复，此功能将停止变频器的输出	调查异常发生的原因，处理该异常之前的一个异常
CPU错误	E. 6、E. 7 E. CPU E. 6 E. 7 E.CPU	内置CPU的通信异常发生时，变频器停止输出	变频器周围有无强烈的杂波干扰，若有则要采取相应的措施

（续）

检修项目	代码及显示	故障内容	检查与处理
制动顺序错误	E. MB4 ~ E. MB7 E.Mb4~E.Mb7	使用制动控制器件 Pr. 278 ~ Pr. 283，发生顺控错误时，变频器停止输出，在初始状态该保护功能无效	查找异常原因，确认设定参数并正确接线
浪涌抑制回路异常	E. IOH E.IOH	浪涌抑制电路的电阻过热，变频器停止输出；浪涌抑制电路故障	是否反复进行电源的接通与断开
模拟输入异常	E. AIE E.AIE	端子4 设定为电流输入，当输入30mA 或以上时，或有电压输入时显示	确认 Pr. 267 的电压/电流输入的设定，电流输入设为频率指令
USB 通信异常	E. USB E.USb	在 Pr. 548 中设定的时间内通信中断时，变频器停止输出	确认 USB 电缆性能完好，增大通信检查的时间间隔，或设为9999
内部电路异常	E. 13 E.13	内部电路异常时，变频器停止输出	与厂商联系

6.4.3 变频器的故障排除

当任何一个报警发生时，显示自动切换到指示相应的保护功能（错误），此时不要复位变频器。通过按 MODE 键，可显示输出频率，这样，可以知道报警发生时的运行频率。用同样的方法也可以知道报警发生时的电流。复位后，报警记录可以确认其内容。

检查相应的故障。如果发生故障的原因仍不确定，可恢复到初始设定（返回到出厂设定），重新设置所要求的参数，并再次检查。

1. 电动机不转

造成电动机不转的因素较多，主要有以下几个方面。

（1）检查主电路　检查电源电压是否适当；检查电动机连接是否正确；检查 P1 - + 端子间的导体是否松脱。

（2）检查输入信号　查对起动信号是否输入；查对正转和反转起动信号是否同时输入；查对频率设定信号是否为零，若频率指令为 0Hz 时输入起动指令，操作面板上 RUN 指示灯将闪烁；当使用 4 ~ 20mA 端子输入设定频率信号时，查对 AU 信号是否接通；检查输出停止信号（MRS）或复位信号（RES）是否处于 ON 状态；检查漏型、源型插口是否连接牢固。

（3）检查参数的设定　在 V/F 控制时，查对 Pr. 0 转矩提升的设定值；查对参数 Pr. 78 是否选择了反转限制；查对操作模式 Pr. 79 的选择是否正确；查对起动频率 Pr. 13 是否大于运行频率；查对各种运行频率的设定是否为零，尤其是上限频率 Pr. 1 是否为零；点动运行时，Pr. 15 点动频率的设定值是否低于 Pr. 13 起动频率的设定值；查对偏置、增益 C2 ~ C7（Pr. 902 ~ Pr. 905）的设定是否正确；查对 Pr. 550、Pr. 551 所选择的操作权是否正确。

（4）检查负载　检查负载是否太重和轴是否被锁定。

（5）其他　报警（ALARM）灯是否点亮；操作面板的显示是否为错误内容（E. OC1 等）。

2. 电动机异常发热

检查电动机的负载是否过重；检查电动机风扇是否异常；检查变频器输出电压是否平衡；检查 Pr. 0 转矩提升的设定是否适当；检查 Pr. 71 电动机的类别设定是否适当。

3. 电动机旋转方向相反

电动机旋转方向相反时，首先检查输出端子 U、V 和 W 相序是否正确，再检查起动信号的正转、反转连接是否正确。

4. 速度与设定值相差很大

检查频率设定信号是否正确（测量输入信号的值）；检查相关参数设定是否合适（Pr. 1，Pr. 2，Pr. 19，Pr. 38，Pr. 39，Pr. 245，Pr. 902 ~ Pr. 905）；检查输入信号是否受到外部噪声的干扰，要使用屏蔽电缆；检查负载是否过重。

5. 加、减速不平稳

检查加、减速时间的设定是否太短；检查负载是否过重；检查转矩提升的设定值是否设定太大以致于失速防止功能动作；V/F 控制时，是否由于转矩提升的设定值过大，使失速功能动作。

6. 电动机电流过大

检查负载是否过重；检查 Pr. 0 转矩提升的设定是否适当；检查 Pr. 3 基准频率的设定是否适当；检查 Pr. 19 基准频率电压的设定是否适当；检查 Pr. 14 适用负载的选择是否适当。

7. 转速不能增加

检查 Pr. 1 上限频率的设定是否适当；检查负载是否过重；V/F 控制时，是否由于转矩提升的设定值过大，使失速功能动作；检查制动电阻的连接是否有错，接在端子 P1 – + 处。

8. 运行时的速度波动

在设定滑差补正后，随着负载的变化，输出频率会有 0 ~ 2Hz 的波动，这是正常现象，不是故障。

检查负载是否有变化；检查频率设定信号是否有变化；检查频率设定信号是否受到感应噪声的影响；检查连接晶体管输出单元等时，回路电流是否会引起误动作；使用通用磁通矢量控制时，对于变频器的容量，适用电动机容量（Pr. 80）的设定是否正确；在使用通用磁通矢量控制时，布线距离长度是否在 30m 以内；在使用 V/F 控制时，布线距离是否太长。

9. 操作模式不能正常切换

如果操作模式不能正常切换，要检查以下项目：

1）外部输入信号。检查 STF 或 STR 信号是否关断。当 STF 或 STR 信号接通时，不能转换到操作模式。

2）参数设定。检查 Pr. 79 的设定。当 Pr. 79 “操作模式选择” 设定为 “0” 时，电源合上，变频器则处于外部操作模式，按两次 MODE 键，再按↑键，转换到 PU 操作模式。对于其他设定值（1 ~ 8）的情况，按照各自的内容，限定操作模式。

10. 操作面板没有显示

确认操作面板与变频器是否可靠地连接；确认端子 PC – SD 间是否短路。

11. 参数不能写入

是否是运行中（信号 STF、STR 处于 ON 状态）；是否按下 SET 键（WRITE 键）持续 1.5s 以上；是否试图在设定范围外设定参数；是否在外部操作模式时，试图设定参数；确认 Pr. 77 的"参数写入禁止选择"。

本章小结

本章结合实例，介绍变频器在和具体的生产机械配套使用时的两种操作方式：基本面板操作和输入端子操作。功能设定上介绍了基本频率设定、加/减速时间设定、多段速频率控制。

1. 以微处理器为核心，综合了计算机技术、自动控制技术和现代通信技术，当利用变频器构成自动控制系统进行控制时，采用 PLC 和变频器相配合使用。由于 PLC 可通过软件来改变控制过程，且具有体积小、组装灵活、编程简单和可靠性高等优点。

2. PLC 和变频器的控制信号连接方式，是变频器利用 PLC 输入的开关型指令信号，信号中包括对运行/停止、正转/反转、点动等运行状态进行操作。PLC 和变频器的数值信号连接方式，可分为数字输入和模拟输入两种。

3. 结合技能训练，熟练掌握 PLC 和变频器输入端子操作控制和多段速频率控制。

本章实训1　变频器的基本操作

变频器在和具体的生产机械配套使用时，需要根据生产机械的特性与要求，进行一系列的功能设定（如频率设定、加速时间、减速时间、多段速频率控制等）以及控制方式的选择（如面板操作和输入端子）。通过本章的学习，应当掌握：变频器面板操作控制；变频器外部端子操作控制；变频器加、减速时间设置；变频器多段速频率设置。

本实训选用功率为 0.75kW 的 FR－E740 变频器和功率为 0.55kW 的交流电动机。

对于型号为 YS－5614TJX 的三相交流笼型异步电动机，其额定参数如下：

1）额定功率 0.55kW。

2）额定电压 380V。

3）额定电流 1.05A。

4）额定转速 1400r/min。

5）额定频率 50Hz。

6）功率因数（$\cos\phi$）0.8。

根据该电动机的特性与要求，可选用 FR－E740 变频器，该变频器的主要技术参数如下：

1）电源电压（380～480）×（1±10%）V，三相输入、三相输出。

2）额定功率 0.75kW。

3）输入频率 50～60Hz。

4）输出频率 0～650Hz。

5）功率因数 0.98。

6）过载能力 150%，60s。

7）开关合上时冲击电流小于额定输入电流。

8）固定频率 15 个，可编程。

9）保护特性：过电压和欠电压保护、短路和接地保护、过负载保护、变频器过热和电动机过热保护、参数联锁保护、电动机锁定保护。

本章实训 1.1 变频器的基本应用操作

本小节通过对 FR－E740 变频器的基本操作实训，熟悉变频器的基本电路原理，掌握变频器运用的基本操作。

(1) 实训目的

1) 进一步熟悉 FR－E740 变频器的基本操作面板。

2) 进一步掌握变频器基本参数的输入方法。

3) 熟练掌握变频器的运行操作。

(2) 实训器材

1) 变频器实训操作台 1 套。

2) 0.55kW 三相交流笼型异步电动机 1 台。

3) 低压断路器、导线等。

(3) 实训电路（见图 6-36）

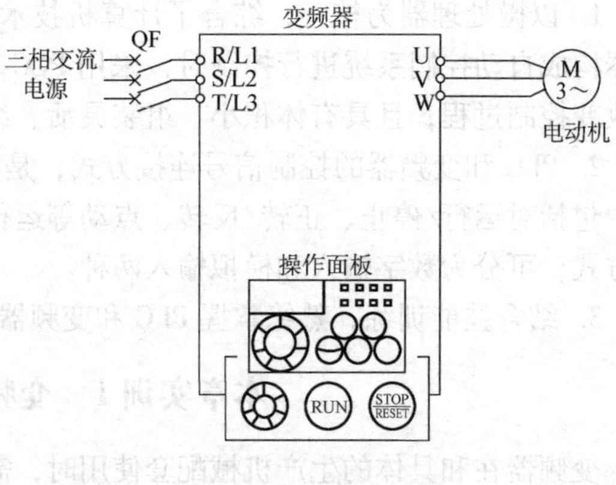

图 6-36 实训电路

(4) 实训内容及步骤

1) 实训内容：

变频器采用 PU 操作模式，直接控制使电动机实现正转、反转和点动功能，电动机加、减速时间设为 12s，变频器频率设为 30Hz。

2) 实训步骤：

参照图 6-36 所示电路进行接线。变频器的参数设置如下：

① 检查电路接线正确后，合上主电源开关 QF。

② 运行模式设定。Pr. 79 “操作模式选择” = “1”，PU 指示灯点亮。

③ 运行频率设定。上限频率 Pr. 1 设定为 50Hz，下限频率 Pr. 2 设定为 10Hz，基准频率 Pr. 3 设定为 40Hz。

④ 时间参数设定。加、减速时间 Pr. 7、Pr. 8 均设定为 12s。

⑤ 保护参数设定。电子过电流保护 Pr. 9 设定为 1.05A。

⑥ 运行参数设定。运行方向设定，正转时，Pr. 40 设为 0，反转时，Pr. 40 设为 1。

3) 操作：

① 起动。按 MODE 键，电动机起动运行，显示输出频率。

② 运行。转动 M 旋钮，使频率为 30Hz。

③ 停止。按 STOP/RESET 键，电动机减速后停止。

(5) 实训报告

1) 画电路图。

2) 写出用 PU 操作模式控制运行的过程。

本章实训 1.2 变频器的输入端子控制基本电路连接

(1) 实训目的

1) 进一步掌握变频器基本参数的输入方法。

2）掌握变频器输入端子的操作控制。

3）熟练掌握变频器的运行操作。

（2）实训器材

1）变频器实训操作台1套。

2）0.55kW三相交流笼型异步电动机1台。

（3）实训电路（见图6-37）

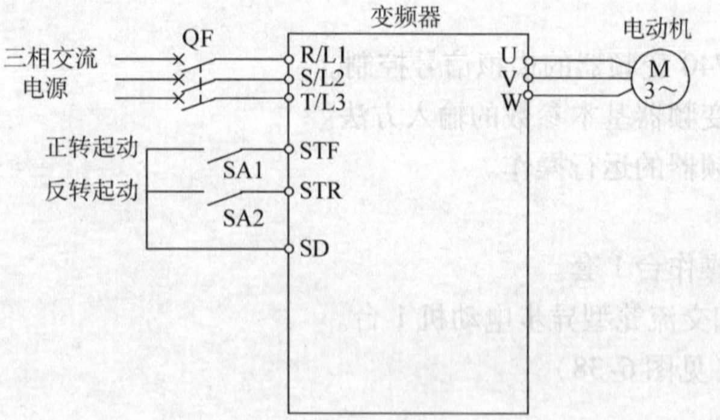

图6-37　实训电路

（4）实训内容及步骤

1）实训内容：

用开关SA1和SA2，控制FR－E740变频器，实现电动机正转和反转功能，电动机加/减速时间为15s。STF为正转控制，STR为反转控制，变频器频率设为20Hz。

2）实训步骤：

电路的接线参照图6-37所示的电路。变频器的参数设置步骤如下：

① 检查电路接线正确后，合上主电源开关QS。

② 运行模式设定。Pr. 79“操作模式选择”＝“1”，PU指示灯点亮。

③ 运行频率设定。上限频率Pr. 1设定为50Hz，下限频率Pr. 2设定为10Hz，基准频率Pr. 3设定为40Hz。

④ 时间参数设定。加、减时间Pr. 7、Pr. 8均设定为15s。

⑤ 保护参数设定。电子过电流保护Pr. 9设定为1.05A。

⑥ 运行参数设定。STF为正转，Pr. 178设定为60；STR为反转，Pr. 179设定为61。

⑦ 运行模式设定。Pr. 79“操作模式选择”＝“2”，EXT指示灯点亮。

3）操作：

① 接通开关SA1，电动机按所设置的15s加速时间上升，正向起动，经15s后稳定运行在某一频率上，RUN指示灯点亮。断开开关SA1，电动机按所设置的15s减速时间下降，经15s后电动机停止运行。RUN指示灯熄灭。

② 运行频率设定。在电动机运行中，旋转M键可改变频率设定值，从而可改变运转速度。

③ 接通开关SA2，电动机按所设置的15s加速时间上升，反向起动，经15s后稳定运行在某一频率上，RUN指示灯闪烁。断开开关SA2，电动机按所设置的15s减速时间下降，经

15s 后电动机停止运行，RUN 指示灯熄灭。

（5）实训报告

1）画电路图。

2）写出变频器输入端子控制运行的过程。

本章实训 1.3 变频器的模拟信号控制电动机调速

（1）实训目的

1）掌握 FR – E740 变频器的模拟信号控制。

2）进一步掌握变频器基本参数的输入方法。

3）熟练掌握变频器的运行操作。

（2）实训器材

1）变频器实训操作台 1 套。

2）0.55kW 三相交流笼型异步电动机 1 台。

（3）实训电路（见图 6-38）

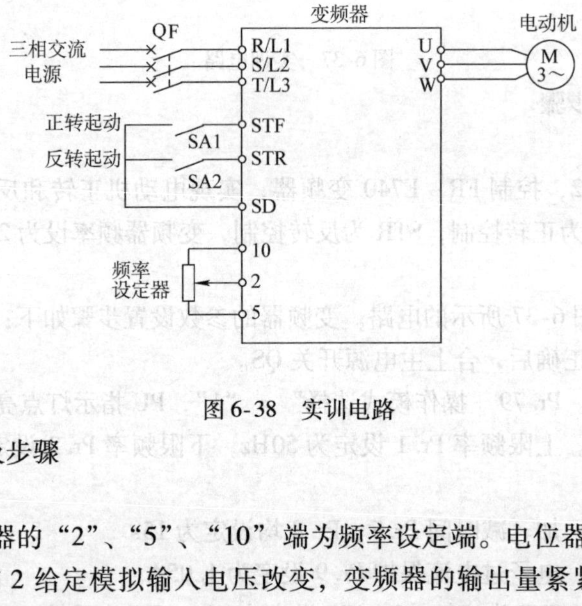

图 6-38 实训电路

（4）实训内容及步骤

1）实训内容：

FR – E740 变频器的“2”、“5”、“10”端为频率设定端。电位器 RP_1 接在电路中，调节 RP_1 时，输入端口 2 给定模拟输入电压改变，变频器的输出量紧紧跟踪给定量的变化，平滑无级地调节电动机转速的大小。用开关 SA1 和 SA2，控制 FR – E740 变频器，实现电动机正转和反转功能，电动机加/减速时间为 8s。STF 为正转控制，STR 为反转控制。

2）实训步骤：

参照图 6-38 所示的电路进行接线。参数设置如下：

① 检查电路接线正确后，合上主电源开关 QF。

② 运行模式设定。Pr. 79 “操作模式选择” = “1” PU 指示灯点亮。

③ 运行频率设定。上限频率 Pr. 1 设定为 50Hz，下限频率 Pr. 2 设定为 5Hz，基准频率 Pr. 3 设定为 50Hz。

④ 时间参数设定。加、减时间 Pr. 7、Pr. 8 均设定为 8s。

⑤ 保护参数设定。电子过电流保护 Pr. 9 设定为 1.05A。

⑥ 运行参数设定。STF 为正转，Pr. 178 设定为 60；STR 为反转，Pr. 179 设定为 61。

⑦ 运行模式设定。Pr. 79 “操作模式选择” = “2” EXT 指示灯点亮。

3）操作：

① 开始。将起动开关 SA1（或 SA2）处于 ON。表示运转的 RUN 正转时点灯，反转时闪烁。

② 加速→恒速。把端子 2－5 间连接的旋钮（频率设定器）慢慢向右转到满刻度，显示的频率数值逐渐增大到 50.00Hz。

③ 减速。把端子 2－5 间连接的旋钮（频率设定器）慢慢向左转到头，显示的频率数值逐渐减小到 5Hz。

④ 停止。将起动开关 SA1（或 SA2）置于 OFF。

（5）实训报告

1）画电路图。

2）写出变频器模拟信号控制运行的过程。

本章实训 1.4 变频器多段速频率控制

（1）实训目的

1）进一步掌握变频器基本参数的输入方法。

2）掌握变频器的多段速频率控制。

3）熟练掌握变频器的运行操作。

（2）实训器材

1）变频器实训操作台 1 套。

2）0.55kW 三相交流笼型异步电动机 1 台。

（3）实训电路（见图 6-39）

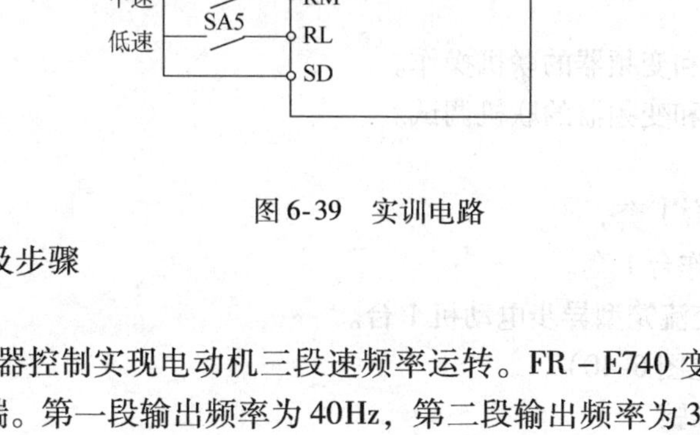

图 6-39 实训电路

（4）实训内容及步骤

1）实训内容：

FR－E740 变频器控制实现电动机三段速频率运转。FR－E740 变频器的 RH、RM、RL 端为多段速度选择端。第一段输出频率为 40Hz，第二段输出频率为 30Hz，第三段输出频率为 15Hz。

2）实训步骤：

参照图 6-39 所示电路进行接线。参数设置如下：

① 检查电路接线正确后，合上主电源开关 QF。

② 运行模式设定。Pr. 79“操作模式选择” = “1”，PU 显示灯点亮。

③ 运行频率设定。上限频率 Pr. 1 设定为 50Hz，下限频率 Pr. 2 设定为 5Hz，基准频率 Pr. 3 设定为 50Hz，高速 Pr. 4 设定为 40Hz，中速 Pr. 5 设定为 30Hz，低速 Pr. 6 设定为 15Hz。

④ 时间参数设定。加、减时间 Pr. 7、Pr. 8 均设定为 5s。

⑤ 保护参数设定。电子过电流保护 Pr. 9 设定为 1. 05A。

⑥ 运行参数设定。STF 为正转，Pr. 178 设定为 60；STR 为反转，Pr. 179 设为 61；RL 低速 Pr. 180 设定为 0，RM 中速 Pr. 181 设定为 1，RH 高速 Pr. 182 设定为 2。

⑦ 运行模式设定。Pr. 79“操作模式选择” = “3”，EXT 显示灯点亮。

3）操作：

① 第一段控制。当起动开关 SA1 时，表示运转的 RUN 指示灯正转时点亮。再起动 SA3，变频器工作在由 Pr. 4 参数所设定的频率为 40Hz 的第一段上。断开 SA3、SA1 时，电动机停止运行。

② 第二段控制。当起动开关 SA1 时，表示运转的 RUN 指示灯正转时点亮。再起动 SA4，变频器工作在由 Pr. 5 参数所设定的频率为 30Hz 的第二段上。断开 SA4、SA1 时，电动机停止运行。

③ 第三段控制。当起动开关 SA1 时，表示运转的 RUN 指示灯正转时点亮。再起动 SA5，变频器工作在由 Pr. 6 参数所设定的频率为 15Hz 的第三段上。断开 SA5、SA1 时，电动机停止运行。

将 SA1 换为 SA2，即可实现反转多段速度的控制。

（5）实训报告

1）画出电路图。

2）写出变频器多段速度控制运行的过程。

本章实训 2　PLC 和变频器输入端子的连接操作

电动机选择型号为 YS－5614TJX、额定功率为 0. 55kW 的三相交流笼型异步电动机。变频器仍然选择功率为 0. 75kW 的 FR－E740 变频器。PLC 选择 FX_{1N} 系列。

（1）实训目的

1）熟练掌握 PLC 和变频器的联机操作。

2）熟练掌握 PLC 和变频器的联机调试。

（2）实训器材

1）PLC 实训操作台 1 套。

2）变频器实训操作台 1 套。

3）0. 55kW 三相交流笼型异步电动机 1 台。

（3）实训电路（见图 6-40）

（4）实训内容及步骤

通过 PLC 和 FR－E740 变频器联机，实现 FR－E740 控制端口的开关操作，完成对电动机正、反转运行的控制。控制要求为：电动机正向运行时，正向起动时间为8s，变频器输出频率30Hz；电动机反向运行时，反向起动时间为8s，变频器输出频率30Hz；电动机停止时，发出停止指令后10s内电动机停止。

实训步骤如下：

1）PLC输入/输出分配。根据控制要求写出PLC输入/输出分配。

2）绘制电路接线图。根据写出的PLC输入/输出分配表，绘制电路接线图，如图6-40所示。

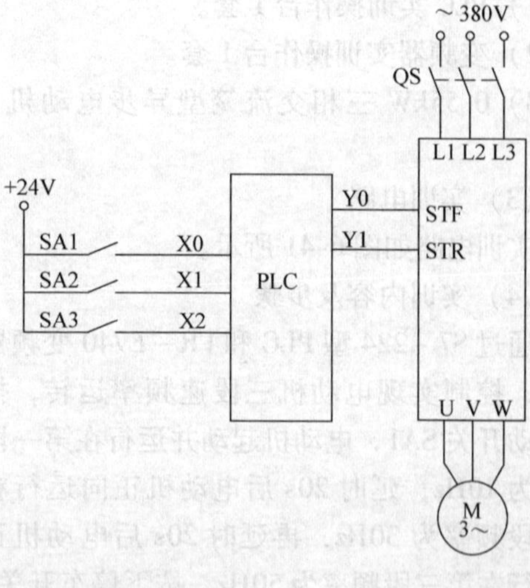

图6-40 PLC和变频器联机正、反转控制电路接线图

3）PLC程序设计及变频器参数设置。

① PLC程序设计：PLC程序设计的编程输入步骤省略，只列出梯形图。

② 变频器参数设置：列出变频器控制需要设定的参数。

4）操作控制

① 电动机正向运行。当按下正转开关SA1时，PLC输入继电器X0的常开触点闭合，输出继电器Y0接通，FR－E740的STF端口为“ON”，电动机按所设置的加速时间正向起动，经8s后电动机正向稳定运行在所设置的30Hz对应的转速上。同时Y0的常开触点闭合，实现自保。

② 电动机反向运行。当按下反转开关SA2时，PLC输入继电器X1的常开触点闭合，输出继电器Y1接通，FR－E740的STR端口为“ON”，电动机按所设置的8s加速时间反向起动，经8s后电动机反向运行在所设置的30Hz对应的转速上。同时Y1的常开触点闭合，实现自保。

为了保证正转和反转不同时进行，即FR－E740的端口STF和STR不同时为“ON”，在程序设计中利用输出继电器Y0和Y1的常闭触点实现互锁。

③ 电动机停车。无论电动机当前处于正向还是反向工作状态，当按下停止开关SA3时，输入继电器X2常闭触点断开，使输出继电器Y0（或Y1）失电，FR－E740的STF和STR端口为“OFF”，电动机按所设置的10s减速时间正向（或反向）停车，经10s后电动机停止运行。

（5）实训报告

1）画出电路图。

2）写出PLC控制变频器运行的梯形图。

本章实训3 PLC和变频器的多段速频率控制操作

（1）实训目的

1）熟练掌握PLC和变频器联机操作。

2）熟练掌握PLC和变频器联机调试。

（2）实训器材

1）PLC 实训操作台 1 套。

2）变频器实训操作台 1 套。

3）0.55kW 三相交流笼型异步电动机 1 台。

（3）实训电路

实训电路如图 6-41 所示。

（4）实训内容及步骤

通过 S7－224 型 PLC 和 FR－E740 变频器联机，控制实现电动机三段速频率运转，按下起动开关 SA1，电动机起动并运行在第一段频率为 10Hz，延时 20s 后电动机正向运行在第二段频率为 30Hz，再延时 20s 后电动机正向运行在第三段频率为 50Hz。按下停车开关，电动机停止运行。

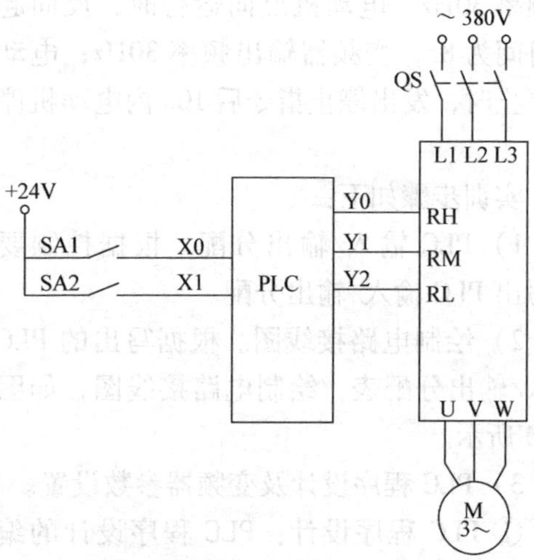

图 6-41　PLC 和 FR－E740 变频器联机三段速控制

实训步骤如下：

1）PLC 输入/输出分配。变频器输入 STF 端口设为三段固定频率控制端，每一频段的频率可分别由 Pr. 4、Pr. 5 和 Pr. 6 参数设置。变频器输入端口 MRS 设为电动机停止控制端，可由 Pr. 180 参数设置（设置为 24）。写出 PLC 输入/输出分配表。

2）绘制电路接线图。根据写出的 PLC 输入/输出分配表，绘制电路接线图，如图 6-41 所示。

3）PLC 程序设计及变频器参数设置。

① PLC 程序设计：PlC 程序设计的编程输入步骤省略，只列出梯形图。

② 变频器参数设置：列出变频器控制需要设定的参数。

（5）实训报告

1）画出电路图。

2）写出 PLC 控制变频器运行的梯形图。

本章实训 4　变频器故障信息的读取操作

（1）实训目的

1）了解变频器产生的故障类型。

2）掌握变频器故障信息的读取。

3）学会简单故障的排除方法。

（2）实训器材

1）工具：螺钉旋具、电工刀、尖嘴钳。

2）仪表：万用表。

3）材料：导线、按钮、旋钮开关、FR－E740 变频器。

（3）实训内容与步骤

1）变频器故障信息的读取。

2）变频器报警信息的读取。

注意：本项实训时变频器为空载状态，不用连接电动机。

（4）实训报告

1）写出故障E.THT的含义，说出引起故障的可能原因及排除方法。

2）写出故障E.OC1的含义，说出引起故障的可能原因及排除方法。

【思考与练习题】

6.1　电动机正转运行控制电路，运行中不能反转。画出变频器外部接线图，写出参数设置。

6.2　在变频器的基本操作面板上设置参数，并直接控制实现电动机正向点动和反向点动功能，电动机最高转速频率设为25Hz。画出变频器外部接线图，写出参数设置。

6.3　电动机正转运行控制电路，要求稳定运行频率为20Hz。画出变频器外部接线图，写出参数设置。

6.4　变频器外部端子实现电动机正转和反转功能，电动机加/减速时间为5s，写出参数设置。

6.5　用开关控制实现电动机起/停功能，由模拟输入端控制电动机转速的大小。画出变频器外部接线图，写出参数设置。

6.6　用开关控制实现电动机五段速频率运转。五段速设置分别为：第一段输出频率为50Hz；第二段输出频率为30Hz；第三段输出频率为15Hz；第四段输出频率为20Hz；第五段输出频率为10Hz。画出变频器外部接线图，写出参数设置。

6.7　说明PLC和变频器的开关型控制信号的连接特点，并说明应注意哪些问题?

6.8　说明PLC和变频器的数值信号连接方式具有的特点。

6.9　联机控制实现电动机正向点动和反向点动功能，电动机最高转速频率设为35Hz。画出PLC和变频器联机接线图，写出PLC程序和变频器参数设置。

6.10　联机控制实现电动机正转和反转功能，电动机加/减速时间为10s。画出PLC和变频器联机接线图，写出PLC程序和变频器参数设置。

6.11　联机控制实现电动机十段速频率运转。十段速设置分别为：第一段输出频率为5Hz；第二段输出频率为－10Hz；第三段输出频率为15Hz；第四段输出频率为5Hz；第五段输出频率为－5Hz；第六段输出频率为－10Hz；第七段输出频率为25Hz；第八段输出频率为40Hz；第九段输出频率为50Hz；第十段输出频率为30Hz。画出PLC和变频器联机接线图，写出PLC程序和变频器参数设置。

6.12　电动机保持不转如何解决?

6.13　写出故障E.0V1的含义？说出引起故障的可能原因及排除方法。

第 7 章　电力电子装置

电力电子装置是电力电子电路和相关控制技术的组合，本章将对应用较为普遍的电力电子装置的电路结构、工作原理、相关控制技术及性能特点作一个基本的介绍。

7.1　高频开关式稳压电源

开关式稳压电源与线性稳压电源相比，具有效率高、体积小、重量轻等优点；但也存在技术电路复杂、纹波大、电磁干扰大的缺点。

高频开关式稳压电源电路结构简单、性能优越、应用广泛，大量电子仪器设备、彩色电视机、影碟机等都使用这种电源。

1. 高频开关式稳压电源的电路结构

（1）电路框图　图 7-1 所示为 100kHz、60W 的高频开关式直流稳压电源的原理框图。电路中的开关器件为功率 MOSFET。电路中使用的三个集成电路芯片分别为：PWM 控制器 MC34060，误差放大器芯片 MC1723 和光耦合器 4N27。

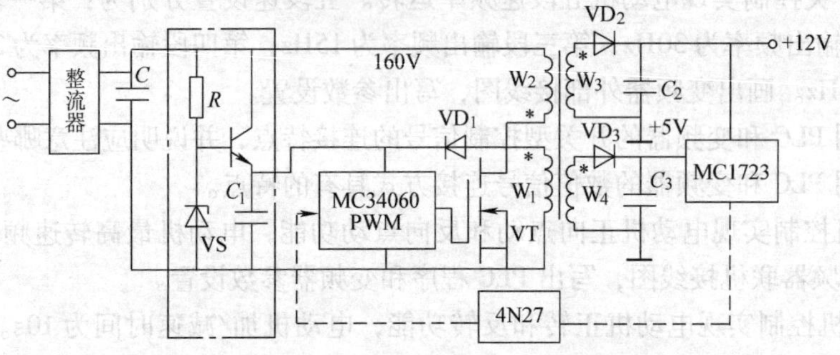

图 7-1　高频开关式直流稳压电源的原理框图

（2）芯片结构及功能　PWM 控制器 MC34060 为 14 引脚的双列直插中规模集成电路。该电路由稳压电路、反馈放大器，锯齿波振荡器及 PWM 比较器四部分组成。它只有一个输出端，电源电压最高为 40V，输出最大电流为 250mA，工作频率范围为 1 ~ 300kHz，MC34060 的功能是根据输入直流控制电压的数值产生相应的 PWM 输出波形。

MC1723 误差放大器芯片电路有两个功能：一是产生标准的电源电压作为本身的工作电源和参考电压；二是放大信号。它在本电源中的任务是从 +5V 输出电压引入反馈信号，与本身参考电压比较获得误差信号，放大后作为 PWM 控制器的控制信号。

4N27 是一光耦合器，用来实现输出回路与控制回路间的隔离。

2. 高频开关式稳压电源的工作原理

三片式开关电源电路图如图 7-2 所示。

本电源有四路输出电压：±5V 和 ±12V。开关器件 VT_1 采用 MTP5N40 型功率 MOSFET，其容量为 4A、400V；通态电阻为 1Ω。5V 组的整流器采用肖特基管 MBR1035，12V 组的整流器采用 MVR805 型快速恢复二极管。输出滤波电容采用高频电容器。

主电路由功率 MOSFET 管 V_1 和变压器 T 的一次绕组 W_1、W_2 以及二极管 VD_2 构成准推挽式电路，T 的二次绕组 W_4、W_5 和 W_6、W_7 分别构成了 ±5V 和 ±12V 两组电压源。控制电路的工作电源由高压晶体管 VT_2 获得，VT_2 接成射极输出器的形式，它的基极电位由 12V 稳压管 VS 确定，而发射极接 MC34060 的电源端，同时接至变压器 T 的反馈绕组 W_3。当绕组中有感应电压而使二极管 VD_7 导通时，可使 VT_2 反向偏置。电容 C_{13} 为软起动电容器。刚接通电源时，反馈信号尚未出现，只有电阻 R_6 和 R_7 组成的分压网络来控制死区时间，使导通脉冲占空比不超过 45%。随着输出电压的建立，由 +5V 电压输出端取出反馈信号，经 MC1723 放大，4N27 隔离之后引入 MC34060 的 PWM 比较器，调制控制脉冲的占空比，使输出电压稳定在规定值上。

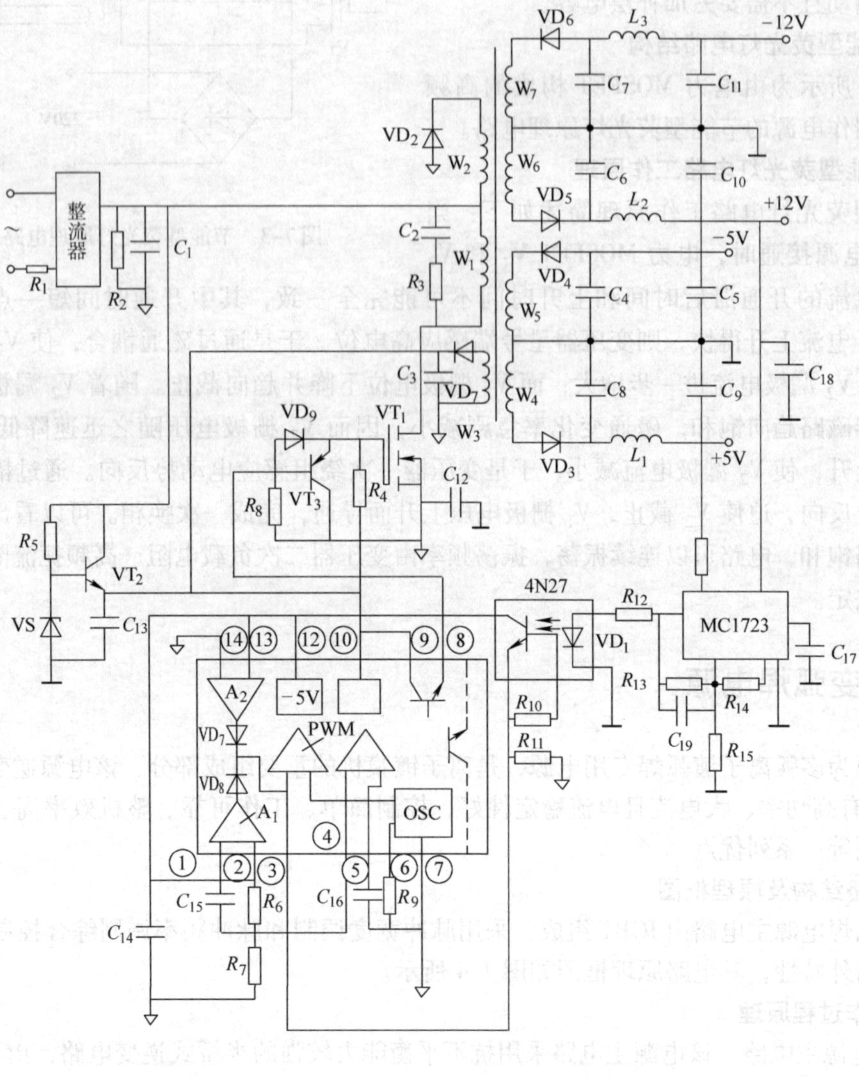

图 7-2　三片式开关电源电路图

7.2 高效节能型荧光灯

普通荧光灯（俗称日光灯）都用镇流器限制灯管电流，镇流器需要消耗硅钢片和铜，外形笨重，而且功耗较大，其功耗约占灯具总功耗的30%。同时，带镇流器的普通荧光灯功率因数很低，在大量使用荧光灯照明的公共场所都要用体积很大的电容器进行无功补偿。若用高频电源给灯管供电，可以大大提高气体电离的效率，因而在同样的发光强度下，灯管电流比低频供电时的小，发光没有闪烁感，同时还可即时启动且不需要另加补偿电容。

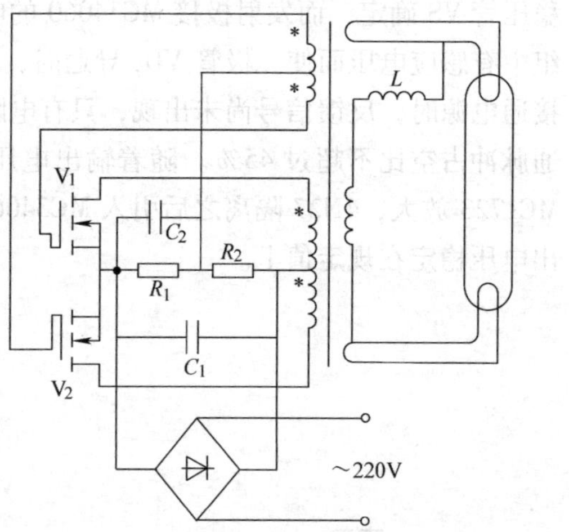

图7-3 节能型荧光灯原理电路

1. 节能型荧光灯电路结构

图7-3所示为由电力MOSFET构成的高频自激振荡器作电源的节能型荧光灯原理电路。

2. 节能型荧光灯电路工作原理

节能型荧光灯电路工作原理简述如下：当220V交流电源接通时，电力MOSFET V_1 和 V_2 两个器件电流的开通滞后时间和上升时间不可能完全一致，其中开通时间短一点的管子（假如 V_2）电流上升得快，则变压器星号端感应高电位。于是通过磁通耦合，使 V_2 栅极电位也上升，V_2 漏极电流进一步增大；而 V_1 栅极电位下降并趋向截止。随着 V_2 漏极电流增大，变压器磁路趋向饱和，磁通变化率急剧减小，因而 V_2 栅极电压随之迅速降低，而 V_1 栅极电位上升，使 V_2 漏极电流减小，于是变压器一次绕组感应电动势反向。通过耦合，V_2 栅极电压也反向，迫使 V_2 截止，V_1 栅极电压上升而导通，完成一次换相。可以看出，利用变压器磁路饱和，电路可以连续振荡，振荡频率由变压器二次负载电阻、高频扼流圈 L 和变压器漏感决定。

7.3 逆变弧焊电源

该电源为多弧离子镀弧焊专用电源，是离子镀膜机的重要组成部分，该电源逆变频率为30kHz，具有高功率、大电流且电流稳定性好、控制简单、工作可靠、整机效率高、容易实现微机控制等一系列优点。

1. 电路结构及原理框图

逆变弧焊电源主电路由IGBT组成，采用脉冲宽度调制和脉冲频率调制综合控制方法控制电源输出外特性，其电路原理框图如图7-4所示。

2. 工作过程原理

（1）电源主电路　该电源主电路采用抗不平衡能力较强的半桥式逆变电路，由IGBT管 V_1、V_2 和电容 C_A、C_B 组成，由于逆变频率较高，控制系统时间常数也较小，因而电弧稳定性较好；采用电流负反馈控制，电源输出外特性为恒流特性。此外，还采取了限制电压尖

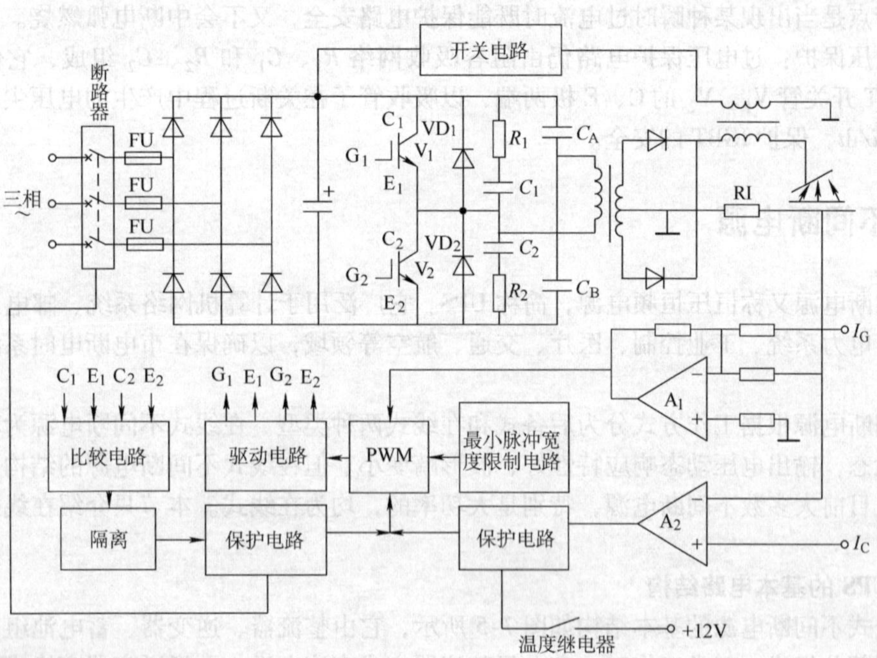

图7-4 IGBT逆变弧焊电源电路原理框图

峰、提高整机效率的措施：在电源输出端并联阻容吸收网络和压敏电阻，并在开关电路中采用电磁耦合的方法，将电弧熄灭及电源关断时储存于输出电感中的能量回馈至电源输入滤波部分，实现能量回馈。这样，不但抑制了电压尖峰，又提高了整机效率。

(2) 控制电路　采用脉冲宽度调制和脉冲频率调制的综合控制方法控制电源输出外特性，控制电路包括电流取样电路、误差放大器、PWM控制器、最小脉冲宽度限制电路、门限电路和驱动输出电路几部分。通过电流负反馈闭环控制实现恒流控制，使电弧燃烧过程十分稳定。

控制电路工作过程如下：由电流取样电路（RI）取得的电流信号，经误差放大器 A_1 与给定电流信号 I_G 比较放大后，输入PWM控制器控制其脉冲宽度输出，从而实现PWM控制；短路时通过门限控制改变输出脉冲频率，从而实现PFM控制。在电路中设置了电流门限值 I_C，当负载短路时电流增加，由电流取样电路取得的电流信号与 I_C 比较，一旦超过 I_C，则比较器 A_2 输出低电平，关闭PWM电路输出，输出电流随之下降。当电流降到 I_C 值以下时，恢复PWM电路的输出。如此反复，实现了对电源的短路电流和瞬时电流冲击的限制。

(3) 保护电路　分过电流保护和过电压保护两个方面。

过电流保护：在弧焊电源中的过电流现象可分为两种情况，一种是由于负载突然增大或短路而造成的过电流；另一种是由于器件损坏，如IGBT、逆变电容、整流二极管失效而造成的过电流。针对上述两种情况，电源中设置了三种过电流保护措施：

1）输入端快速熔断器（FU）过电流保护；

2）通过检测IGBT的C、E间电压来检测流过IGBT的电流，当电流超过设定值时，关闭IGBT，随后切断整个主电路；

3）通过取样电阻检测流过电源二次侧的电流，一旦电流超过给定值时，则关闭PWM输出，而后继续检测，直至电流低于给定值时恢复PWM输出。这种方法为可恢复性电流保护，其特点是当出现某种瞬时过电流时既能保护电路安全，又不会中断电弧燃烧。

过电压保护：过电压保护电路仍由阻容吸收网络 R_1、C_1 和 R_2、C_2 组成，它们分别并联在 IGBT 开关管 V_1、V_2 的 C、E 极两端，以吸收管子在关断过程中产生的电压尖峰，抑制过高的 di/dt，保护 IGBT 的安全。

7.4 不间断电源

不间断电源又称恒压恒频电源，简称 UPS。它广泛用于计算机网络系统、邮电通信、银行证券、电力系统、工业控制、医疗、交通、航空等领域，以确保在市电断电时系统的不间断供电。

不间断电源根据工作方式分为后备式和在线式两种类型。在线式不间断电源为稳压、稳频供电状态，输出电压动态响应特性好、波形畸变小。但在线式不间断电源的结构复杂、成本较高。目前大多数不间断电源，特别是大功率的，均为在线式。本节只介绍在线式不间断电源。

1. UPS 的基本电路结构

在线式不间断电源的基本结构如图 7-5 所示，它由整流器、逆变器、蓄电池组、静态转换开关等部分组成。正常工作时，市电经整流器变成直流电后，再经逆变器变换成稳压、稳频的正弦波交流电供给负载。当市电掉电时，由蓄电池组向逆变器供电，以保证负载不间断供电。如果逆变器发生故障，不间断电源则通过静态转换开关切换到旁路，直接由市电供电。当故障消失后，不间断电源又重新切换到由逆变器向负载供电。

2. UPS 的整流电路

对于小功率不间断电源，整流器一般采用二极管整流电路，它的作用是向逆变器提供直流电源。蓄电池充电由专门的充电电路来完成。中、大功率不间断电源的整流器一般采用相控式整流电路。

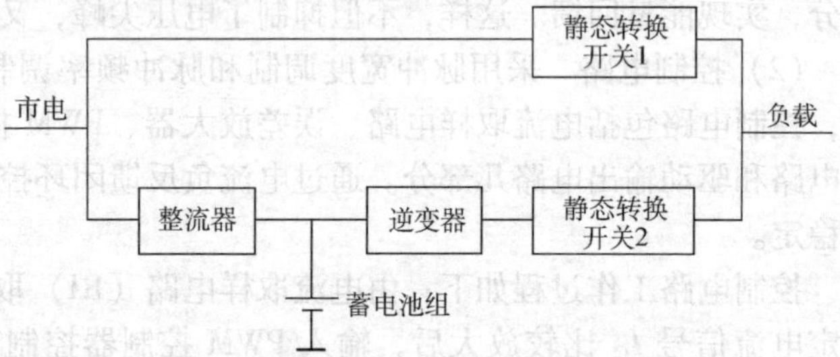

图 7-5　在线式不间断电源的基本结构

将逆变电路中的 SPWM 技术应用于整流电路，便得到 PWM 整流电路。图 7-6 给出了单相全桥 PWM 整流电路，其主电路开关器件采用全控器件 IGBT，通过对 PWM 整流电路中开关器件的适当控制，不仅能获得稳定的输出电压，而且还使整流电路的输入电流非常接近正弦波，功率因数近似为 1。

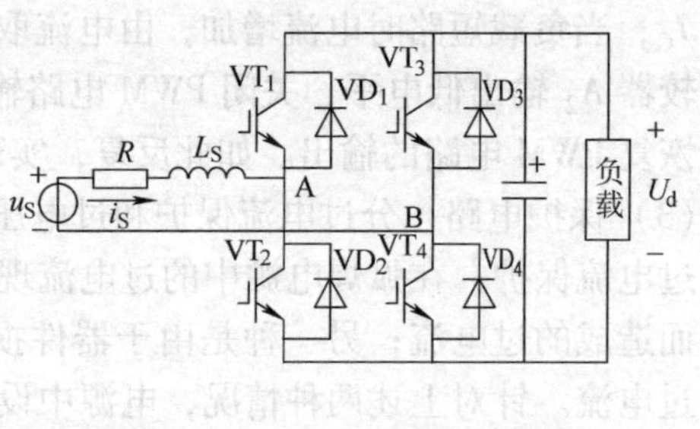

图 7-6　单相全桥 PWM 整流电路

3. UPS 的逆变器

正弦波输出 UPS 通常采用 SPWM 逆变器，UPS 输出有单相输出，也有三相输出。下面以单相输出的 UPS 为例，分析逆变器的工作原理。图 7-7 给出了单相输出 UPS 逆变器及控制原理框图，它由主电路、控制电路、输出隔离变压器和滤波电路等组成。主电路采用全桥逆变电路，对于小功率 UPS，开关器件一般为 MOSFET；而对于大功率 UPS，则采用 IGBT。为了滤去开关频率噪声，输出采用 *LC* 滤波电路，因为开关频率较高，一般大于 20kHz。因此，采用较小的 *LC* 滤波器便能滤去开关频率噪声。输出隔离变压器实现逆变器与负载隔离，避免它们之间电的直接联系，从而减少干扰。另外，为了节约成本，绝大多数 UPS 利用隔离变压器的漏感来充当输出滤波电感，从而可以省去图 7-7 中的电感 L。

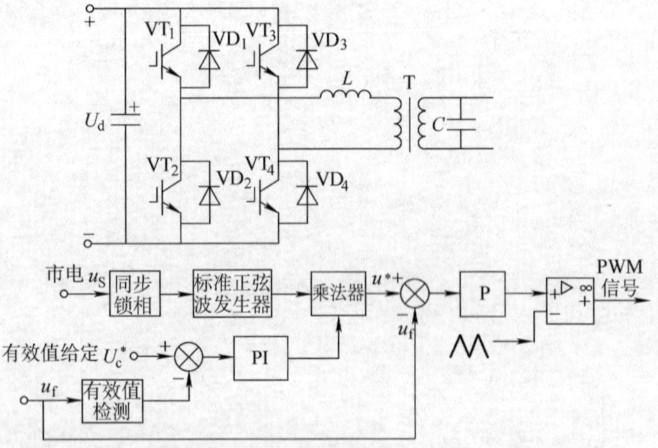

图 7-7　单相输出 UPS 逆变器及控制原理框图

为了保证逆变器供电和旁路供电之间能可靠无间断切换，则逆变器必须时刻跟踪市电，使输出电压与旁路电压同频率、同相位、同幅值。图 7-7 中，市电经同步锁相电路得到与市电同步的 50Hz 方波，将其输入标准正弦波发生器，便能产生与市电同步的标准正弦波信号。

为了进一步提高 UPS 电源的可靠性，在线式 UPS 均装有静态转换开关，将市电作为 UPS 的后备电源，UPS 发生故障或维护检修时，无间断地将负载切换到市电上，由市电直接供电。静态转换开关的主电路比较简单，一般由两只晶闸管开关反并联组成，一只晶闸管用于通过正半周电流，另一只晶闸管则用于通过负半周电流。单相输出 UPS 的静态转换开关原理图如图 7-8 所示。

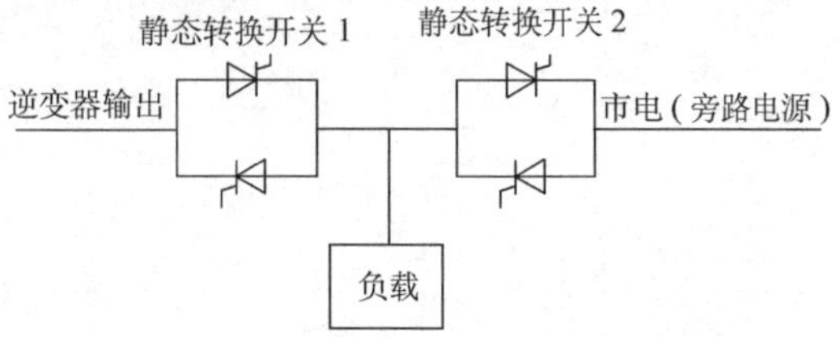

图 7-8　单相输出 UPS 的静态转换开关原理图

静态转换开关的切换有两种方式：同步切换和非同步切换。在同步切换方式中，为了保证在切换的过程中供电不间断，静态开关的切换为先通后断。假设负载由逆变器供电，由于某种故障，例如蓄电池电压太低，需要由逆变器供电转向旁路供电。切换时，首先触发静态转换开关 2，使之导通，然后再封锁静态转换开关 1 的触发脉冲。由于晶闸管导通以后，即使除去触发脉冲，它仍然保持导通，只有等到下半个周期到来时，使其承受反压，才能将其关断。因此，存在静态转换开关 1 和 2 同时导通的现象，此时，市电和逆变器同时向负载供电。为了防止环流的产生，逆变器输出电压必须与市电同频、同相、同幅度。这就要求在切换的过程中，逆变器必须跟踪市电的频率、相位和幅值。如果不满足同频、同相、同幅度的条件，则不能采用同步切换方式，否则将会使逆变器烧坏。

绝大部分在线式 UPS 除了具有同步切换方式外，还具有非同步切换方式。当需要切换时，由于某种故障，UPS 的逆变器输出电压不能跟踪市电，此时，只能采用非同步切换方式，即先断后通切换方式。首先封锁正在导通的静态转换开关触发脉冲，经延时后，导通的静态转换开关关断，再触发另外一路静态转换开关。很显然，非同步切换方式会造成负载短时间断电。

附录 FR－E700 系列变频器常用参数一览表

参数编号	名称及功能	初始值	设定范围	内容
Pr. 0	转矩提升	6%，4%，3%，2%，1%	0～30%	V/F 控制时，提高起动转矩
Pr. 46	第二转矩提升	9999	0～30%	RT 信号为 ON 时的转矩提升；9999 时无效
Pr. 1	上限频率	120Hz	0～120Hz	输出频率的上限
Pr. 2	下限频率	0Hz	0～120Hz	输出频率的下限
Pr. 18	高速上限频率	120Hz	120～400Hz	在 120Hz 以上运行时设定
Pr. 3	基准频率	50Hz	0～400Hz	电动机的额定频率（50Hz，60Hz）
Pr. 19	基准电压	9999	0～1000V	8888 时为电源电压的 85%；9999 时与电源电压相同
Pr. 47	第二 V/F 基准频率	9999	0～400Hz	RT 信号为 ON 时的基准频率；9999 时无效
Pr. 4	高速设定	50Hz	0～400Hz	RH 为 ON 时的频率
Pr. 5	中速设定	30Hz	0～400Hz	RM 为 ON 时的频率
Pr. 6	低速设定	10Hz	0～400Hz	RL 为 ON 时的频率
Pr. 24～Pr. 27	4 速～7 速	9999	0～400Hz	通过 RH、RM、RL、REX 信号的组合设定 4～15 速的频率；9999 时无效
Pr. 232～Pr. 239	8 速～15 速	9999	0～400Hz	
Pr. 7	加速时间	5s，10s，15s	0～3600s/360s	电动机加速时间
Pr. 8	减速时间	5s，10s，15s	0～3600s/360s	电动机减速时间
Pr. 20	加、减速基准频率	50Hz	0～400Hz	成为加、减速时间基准的频率 加、减速时间在停止～Pr. 20 间的频率变化时间
Pr. 21	加、减速时间单位	0	0，1	0 为 0～3600s；1 为 0～360s
Pr. 44	第二加速时间	5s，10s，15s	0～3600s/360s	RT 信号为 ON 时的加速时间
Pr. 45	第二减速时间	9999	0～3600s/360s	RT 信号为 ON 时的减速时间
Pr. 147	加、减速时间切换频率	9999	0～400Hz	Pr. 44、Pr. 45 的加、减速时间的自动切换为有效的频率
Pr. 9	过电流保护	变频器的额定电流	0～500A	设定电动机的额定电流
Pr. 51	第二过电流保护	9999	0～500A	RT 信号为 ON 时有效；9999 时无效
Pr. 10	直流制动动作频率	3Hz	0～120Hz	直流制动动作频率
Pr. 11	直流制动动作时间	0.5s	0.1～10.0s	直流制动动作时间；0 时无制动
Pr. 12	直流制动电压	4%，2%，1%	0.1～10.0s	直流制动动作电压；0 时无制动
Pr. 13	起动频率	0.5Hz	0～60Hz	起动时频率
Pr. 571	起动维持时间	9999	0.0～10.0s	Pr. 13 起动频率维持时间；9999 时无效

（续）

参数编号	名称及功能	初始值	设定范围	内容
Pr. 14	负载选择	0	0，1，2，3	0 为恒转矩负载；1 为低转矩负载；2 为反转时提升 0%；3 为正转时提升 0%
Pr. 15	点动频率	5Hz	0 ~ 400Hz	点动运行时的频率
Pr. 16	点动加、减速时间	0.5s	0 ~ 3600s/360s	加、减速时间是指加、减速到 Pr. 20 加、减速基准频率中设定的频率的时间；加、减速时间不能分别设定
Pr. 17	MRS 输入选择	0	0，2，4	0 为常开输入；2 为常闭输入；4 为外端子常闭输入，通信常开输入
Pr. 22	失速防止动作	150%	0.1 ~ 200%	失速防止动作开始的电流值；0 为无效
Pr. 23	倍速时失速防止动作补偿系数	9999	0 ~ 200%	可降低额定频率以上的高速运行时的失速动作水平；9999 时为 Pr. 22
Pr. 48	第二失速防止动作水平	9999	0.1 ~ 200%	第二失速动作防止无效，0.1 ~ 200% 失速防止动作水平，9999 时与 Pr. 22 相同
Pr. 66	失速防止动作降低开始频率	50Hz	0 ~ 400Hz	失速防止动作水平降低开始频率
Pr. 156	失速防止动作选择	0	0 ~ 31，100，101	根据加、减速的状态选择是否防止失速
Pr. 157	OL 信号输出延时	0	0 ~ 25s	失速防止动作时输出的 OL 信号开始输出的时间，9999 无 OL 信号输出
Pr. 277	失速防止电流切换	0	0，1	0 为输出电流超过限制水平时通过限制输出频率来限制电流，1 为输出转矩超过限制水平时通过限制输出频率来限制转矩
Pr. 29	加速曲线选择	0	0，1，2	0 为直线加、减速；1 为 S 曲线加、减速 A；2 为 S 曲线加、减速 B
Pr. 30	再生制动功能选择	0	0，1，2	0 为无再生功能；1 为频度用制动电阻；2 为高功率因数变流器

（续）

参数编号	名称及功能	初始值	设定范围	内　　容
Pr. 70	特殊再生制动使用率	0%	0～30%	使用高频度用制动电阻时的制动器使用率
Pr. 31 ～ Pr. 36	频率跳变	9999	0～400Hz	Pr. 31 ～ Pr. 36 分别为 1A、1B、2A、2B、3A、3B 跳变时的频率；9999 时无效
Pr. 37	转速显示	0	0.01～9998	50Hz 运行时的机械速度；0 为频率显示及设定
Pr. 40	RUN 键旋转方向	0	0，1	0 为正转；1 为反转
Pr. 41	频率达到范围	10%	0～100%	SU 信号为 ON 时的水平
Pr. 42	输出频率检测	6Hz	0～400Hz	FU 信号为 ON 时的频率
Pr. 43	反转输出频率	9999	0～400Hz	反转时 FU 信号为 ON 时的频率；9999 时与 Pr. 42 的设定值一致
Pr. 52	DU/PU 主显示数据选择	0	0，5，7～12，14，20，23～25，52～57，61，62，100	选择操作面板和参数单元所显示的监视器，0 为输出频率，5 为频率设定值，7 为电动机转矩，8 为变频器输出电压，9 为再生制动器使用率，10 为电子过电流保护负载率，11 为输出电流峰值，12 为变频器输出电压峰值，14 为输出电力，20 为累计通过时间，23 为实际运行时间，24 为电动机负载率，25 为累计电力，52 为 PID 目标值，53 为 PID 测量值，54 为 PID 偏差，55 为输入/输出端子状态，56 为选择输入端子状态，57 为选择输出端子状态，61 为电动机过电流保护负载率，62 为变频器过电流保护负载率，100 为停止中设定频率、运行中输出频率
Pr. 158	AM 端子功能选择	1	1～3，5，7～12，14，21，24，52，53，61，62	选择输出到端子 AM 的监视器，1 为输出频率，2 为输出电流，3 为输出电压，5 为频率设定值，7 为电动机转矩，8 为变频器输出电压，9 为再生制动器使用率，10 为电子过电流保护负载率，11 为输出电流峰值，12 为变频器输出电压峰值，14 为输出电力，21 为基准电压输出，24 为电动机负载率，52 为 PID 目标值，53 为 PID 测量值，61 为电动机过电流保护负载率，62 为变频器过电流保护负载率

（续）

参数编号	名称及功能	初始值	设定范围	内　　容
Pr. 170	累计电度表清零	9999	0，10	0为设定清零，通信监视下设定0～9999kW·h，9999为通信监视下设定0～65535kW·h
Pr. 171	运行时间清零	9999	0	0为设定清零，9999为设定不清零
Pr. 268	监视器小数位选择	9999	0，1	0为设定整数显示，1为设定显示小数一位，9999为无此功能
Pr. 563	累计通电时间次数	0	1～65535	通电时间监视器显示超过65535h后的次数
Pr. 564	累计运转时间次数	0	1～65535	运行时间监视器显示超过65535h后的次数
Pr. 55	频率监视基准	50Hz	0～400Hz	输出频率监视值输到端子AM时的最大值
Pr. 56	电流监视基准	变频器额定电流	0～500A	输出电流监视值输到端子AM时的最大值
Pr. 57	再起动自由运行时间	9999	0，0.1～5s	0时1.5k以下为1s，2.2～7.5k为2s，11k以上为3s；0.1～5s为瞬时停电到复电后由变频器引导再起动的等待时间；9999为不再起动
Pr. 58	再起动上升时间	1s	0～60s	再起动时电压上升时间
Pr. 59	遥控功能选择	0		
Pr. 60	节能功能选择	0	0，9	0为通常模式，9为最佳励磁控制模式
Pr. 61	基准电流	9999	0～500A	0～500A以设定值为基准，9999以变频器的额定电流为基准
Pr. 62	加速时间基准	9999	0～200%	0～200%以设定为限制值，9999时以150%为限制值
Pr. 63	减速时间基准	9999	0～200%	0～200%以设定为限制值，9999时以150%为限制值
Pr. 65	再试选择	0	0～5	再试报警选择
Pr. 67	报警发生时的再试次数	0	0，1～10，101～110	0为无再试；1～10为再试次数，不进行异常输出；101～110为减100后的再试次数，进行异常输出
Pr. 68	再等待时间	1s	0.1～360s	报警发生到再试之间的等待时间

（续）

参数编号	名称及功能	初始值	设定范围	内　容
Pr. 69	再试次数显示及消除	0	0	消除再显示功能次数
Pr. 71	电动机选择	0	0，1，40，50	0 为适合标准电动机的热特性，1 为适合三菱恒转矩电动机的热特性，40 为三菱高效率电动机 SF－HR 的热特性，50 为三菱恒转矩电动机 SF－HRCA 的热特性
			3，13，23，43，53	3 为标准电动机，13 为恒转矩电动机，23 为三菱标准电动机 SF－JR 4P 1.5kW 以下，43 为三菱高效率电动机 SF－HR，53 为三菱恒转矩电动机 SF－HRCA；此系列参数选择离线自动调谐设定
			4，14，24，44，54	4 为标准电动机，14 为恒转矩电动机，24 为三菱标准电动机 SF－JR 4P 1.5kW 以下，44 为三菱高效率电动机 SF－HR，54 为三菱恒转矩电动机 SF－HRCA；此系列参数可以进行自动调谐数据读取及变更设定
			5，15	5 为标准电动机，15 为恒转矩电动机；此系列参数可在星形联结时进行电动机常数的直接输入
			6，16	6 为标准电动机，16 为恒转矩电动机；此系列参数可在三角形联结时进行电动机常数的直接输入
Pr. 72	PWM 频率选择	1	0～15	PWM 载波频率，0 表示 0.7kHz，15 表示 14.5kHz
Pr. 73	模拟量输入选择	1	0，1，10，11	端子 2 输入，0 为 0～10V，1 为 0～5V，无极性可逆；10 为 0～10V，11 为 0～5V，有极性可逆
Pr. 74	输入滤波时间常数	1	0～8	对模拟量输入的 1 次延迟滤波时间常数设定值越大过滤效果越明显
Pr. 75	复位选择/PU 脱离检测/PU 停止选择	14	0～3，14～17	复位输入接纳选择、PU 接头脱离检测功能选择、PU 停止功能选择初始值为常数时可复位、无 PU 脱离检测、有 PU 停止功能
Pr. 77	写入参数选择	0	0，1，2	0 为停止时写入，1 为不可写入，2 为不受运行状态限制写入

（续）

参数编号	名称及功能	初始值	设定范围	内　容
Pr. 78	防止反转选择	0	0，1，2	0为正转、反转均可，1为不可反转，2为不可正转
Pr. 79	操作模式	0	0，1，2，3，4，6，7	0为外部/PU切换，1为PU运行模式，2为外部运行模式，3为外部/PU组合模式1，4为外部/PU组合模式2，6为切换模式，7为外部运行模式
Pr. 80	电动机容量	9999	0.1～15kW	适用电动机容量，9999为V/F电动机
Pr. 81	电动机极数选择	9999	2，4，6，8，10	2，4，6，8，10为选择电动机极数；9999为V/F电动机
Pr. 89	先进磁通矢量选择	9999	0～200%	在先进磁通矢量控制时，调整由负载变动造成的电动机速度变动，基准为100%；9999为Pr. 71中设定的电动机所对应的增益
Pr. 800	控制方法选择	20	20，30	20为先进磁通矢量控制，30为通用磁通矢量控制；Pr. 80和Pr. 81都不能设为9999
Pr. 82	电动机励磁电流	9999	0～500A	通过离线自动调谐测量到的值会自动设定，根据Pr. 71中设定而变化；9999为使用三菱电动机SF－JR、SF－HR、SF－JRCA、SF－HRCA时的设定
Pr. 83	电动机额定电压	400V	0～1000V	电动机的额定电压
Pr. 84	电动机额定频率	50Hz	0～120Hz	电动机的额定频率
Pr. 90	电动机常数R1	9999	0～50Ω	通过离线自动调谐测量到的值会自动设定，根据Pr. 71中的设定而变化；9999为使用三菱电动机SF－JR、SF－HR、SF－JRCA、SF－HRCA时的设定
Pr. 91	电动机常数R2	9999		
Pr. 92	电动机常数L1	9999	0～1000mH	
Pr. 93	电动机常数L2	9999		
Pr. 94	电动机常数X	9999	0～100%	
Pr. 96	自动调谐设定	0	0，1，11，21	0为不实施离线自动调谐，1为先进磁通矢量控制，11为通用磁通矢量控制，21为V/F自动离线调谐
Pr. 859	转矩电流	9999	0～500A	通过离线自动调谐测量到的值会自动设定，根据Pr. 71中的设定而变化；9999为使用三菱电动机SF－JR、SF－HR、SF－JRCA、SF－HRCA时的设定

（续）

参数编号	名称及功能	初始值	设定范围	内　　容
Pr. 125	端子 2 频率设定	50Hz	0～400Hz	改变电位器最大值（5V 初始值）的频率
Pr. 126	端子 4 频率设定	50Hz	0～400Hz	变更电流最大输入（20mA 初始值）时的频率
Pr. 160	参数组读取选择	0	0，1，9999	限制通过操作面板或参数单元读取的参数
Pr. CL	参数清除	0	0，1	设定为 1 时，除了校正用参数外的参数将恢复到初始值
ALLC	参数全部清除	0	0，1	设定为 1 时，所有的参数都恢复到初始值
Er. CL	报警历史清除	0	0，1	设定为 1 时，将清除过去 8 次的报警历史
Pr. CH	初始值变更清单	—	—	显示并设定初始值变更后的参数

参考文献

[1] 张友汉. 电力电子技术 [M]. 北京：高等教育出版社，2002.

[2] 浣喜明，姚为正. 电力电子技术 [M]. 北京：高等教育出版社，2004.

[3] 三菱通用变频器 FR－E540 使用手册，2005.

[4] 三菱通用变频器 FR－E740 使用手册，2008.

[5] 西门子变频器 MM440 操作手册，2006.

[6] 吴忠智，吴加林. 变频器应用手册 [M]. 北京：机械工业出版社，2002.

[7] 张燕宾. 变频调速应用实践 [M]. 北京：机械工业出版社，2000.